QSNKXQZXL

提 供 科 学 知 识
照 亮 人 生 之 路

青少年科学启智系列

物 理 新 论

倪简白◎主编

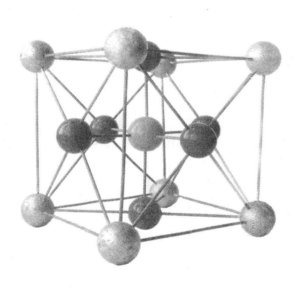

长 春 出 版 社
全国百佳图书出版单位

图书在版编目（CIP）数据

物理新论 / 倪简白主编. —长春：长春出版社，2013.1
（青少年科学启智系列）
ISBN 978 - 7 - 5445 - 2619 - 7

Ⅰ. ①物… Ⅱ. ①倪… Ⅲ. ①物理学—青年读物
②物理学—少年读物 Ⅳ. ①04 — 49

中国版本图书馆 CIP 数据核字（2012）第 274936 号

著作权合同登记号 图字：07 - 2012 - 3851
物理新论
本书中文简体字版权由台湾商务印书馆授予长春出版社出版发行。

物理新论

主　　编：倪简白
责任编辑：王生团
封面设计：王　宁

出版发行：**长春出版社**　　　　　　总 编 室 电 话：0431-88563443
　　　　　发行部电话：0431-88561180　　邮购零售电话：0431-88561177
地　　址：吉林省长春市建设街 1377 号
邮　　编：130061
网　　址：www.cccbs.net
制　　版：长春市大航图文制作有限公司
印　　制：沈阳新华印刷厂
经　　销：新华书店

开　　本：700 毫米×980 毫米　1/16
字　　数：138 千字
印　　张：15
版　　次：2013 年 1 月第 1 版
印　　次：2013 年 1 月第 1 次印刷
定　　价：24.90 元

序

　　物理学是一门既广博又深奥的学科,至今有四百年的发展历史。从我个人学习、工作和教学的经历,深知物理学的博大精深。由于其思想晦涩,理论深邃,因此很难为公众所了解。许多中学生、大学生,甚至研究生在涉猎后就很快放弃。我们编写这本书就是希望带领学生走进、学习、欣赏这个领域。

　　奥地利的物理学家汉斯·蒂林格在《从牛顿到薛定谔的理论物理学之路》一书中写道:"每一门科学都是用世世代代研究者无数努力的代价建立起来的大厦。"物理学和其他科学一样,是经过人类孜孜不倦的努力建立起来的大厦。在建造这个大厦的漫长历程中，人类用自己的聪明才智和执着探索书写着科学史上的奇迹，把人类精神的坐标不断地提高。然而当我们回顾这些伟大物理学家平凡而又卓越的人生经历时，我们一定会对他们所做的工作而感到敬畏，也一定会被他们的精神所鼓舞，或许会产生从事这项伟大工作的梦想。我们也希望通过介绍现代物理学领域取得的巨大成就，来培养青少年爱科学的兴趣，去引导他们从事科学探索。

通俗的物理科普读物，能够开启青少年的思维，也能够培养一种理性精神。本书是一部讲述现代物理学发展的图书，语言既通俗易懂又引人入胜。作者用清晰明了、幽默风趣的笔法，介绍了十九世纪至二十世纪物理学界的一些重大发现及其一些相关的故事。既介绍基础性的物理知识，也介绍物理学的一些新发展，同时还介绍一些关于物理学的新探索。在物理学基础知识方面，本书收集了诺贝尔物理学奖获得者杨振宁和李政道两位先生的三篇文章。这两位先生是美籍华裔的著名物理学家，他的文章内容不仅丰富，语言通俗，介绍了近现代物理学发展的一些基础知识。在写作风格上，通过艺术和审美的笔调把艰涩的物理知识呈现给读者，不仅把物理学的内在之美展示出来，更向我们表达了一种真挚的人文关怀和深厚的人文底蕴，这对于青少年认知科学、领悟人生具有积极的启迪作用。

在物理学新发展方面,本书主要介绍的是一些在世界上有影响力的科学发现，如 X 射线的发现、相对论、神秘微中字、夸克的发现等。在物理学新探索方面，着重介绍了一些近代物理学发展的新领域，如激光效应超导、量子流体、微影技术等。这些内容不仅可以使青少年详尽地了解物理学的知识，也可以作为科普知识爱好者阅读选择的题材。

　　本书由于由不同的作者写成,在写作风格和语言上不尽相同，但是这些作者都是物理学方面的专家，他们或者在高校从教，或者在研究所从事研究工作，甚至有些在国外师从一流的教授、专家学习，这些作者的文章可读性和知识性极强，但同时也指出，书中也难免有纰漏之处，敬请读者指正。

编　者

目　录

物理新论

美与物理学

□ 杨振宁

19 世纪物理学的三项最高成就是：热力学、电磁学与统计力学。其中统计力学奠基于麦克斯韦（J. Maxwell, 1831—1879）、波兹曼（L. Boltzmann, 1844—1905）与吉布斯（W. Gibbs, 1839—1903）的工作。波兹曼曾经说过：

> 一位音乐家在听到几个音节后，即能辨认出莫扎特、贝多芬或舒伯特的音乐。同样，一位数学家或物理学家也能在读了数页文字后，辨认出柯西、高斯、雅可比、亥姆霍兹或克希荷夫的工作。

对于他的这一段话也许有人会发生疑问：科学是研究事实的，事实就是事实，哪里会有什么风格？关于这一点我曾经有过如下的讨论：

> 让我们拿物理学来讲吧！物理学的原理有它的结构，这个结构有它的美和妙的地方。而各个物理学工作者，对于这个结构的不同的美和妙的地方，有不同的感受。因为大家有不同的感受，所以每位工作者就会发展他自己独特的研究方向和研究方法，也就是说他会形成他自己的风格。今天我的演讲就是要尝试阐述上面这一段话。我们先从两位著名物理学家的风格讲起。

狄拉克

狄拉克（P. Dirac, 1902—1984，图 1）是 20 世纪一位伟大物理学家。关于他的故事很多。譬如，有一次狄拉克在普林斯顿大学演讲，演讲完毕，一位听众就起来

图 1　狄拉克

说："我有一个问题请回答，我不懂怎么可以从公式（2）推导出来公式（5）。"狄拉克不答。主持者说："狄拉克教授，请回答他的问题。"狄拉克说："他并没有问问题，只说了

一句话。"

这个故事所以流传极广，是因为它确实描述了狄拉克的一个特点：话不多，而其内含有简单、直接、原始的逻辑性。一旦抓住了他独特的、别人想不到的逻辑，他的文章读起来便很通顺，就像"秋水文章不染尘"，没有任何渣滓，直达深处，直达宇宙的奥秘。

狄拉克最了不得的工作是 1928 年发表的两篇短文，写下了狄拉克方程：[①]

$$(pc\alpha + mc^2\beta)\ \psi = E\psi\ (D)$$

这个简单的方程式是惊天动地的成就，是划时代的里程碑：它对原子结构及分子结构都给予了新的层面和新的、极准确的了解。没有这个方程，就没有今天的原子分子物理学与化学。没有狄拉克引进的观念，就不会有今天医院里通用的核磁共振成像（MRI）技术，不过此项技术实在只是狄拉克方程的一项极小的应用。

狄拉克方程"无中生有、石破天惊"地指出为什么电子有"自旋"（spin），而且为什么"自旋角动量"是 1/2 而不是整数。初次了解此中奥妙的人都无法不惊叹其为"神来之笔"，是别人无法想到的妙算。当时最负盛名的海森堡（W.

① 此方程式中 p 是动量，c 是光速（300000 千米/秒），m 是电子的质量，E 是能量，ψ 是波函数，这些都是当时大家已熟悉的观念。α 和 β 是狄拉克引进的新观念，十分简单却影响极大，在物理学和数学中都起了超级作用。

Heisenberg, 1901—1976）看了狄拉克的文章，无法了解狄拉克怎么会想出此神来之笔，于 1928 年 5 月 3 日给泡利（W. Pauli, 1900—1958）写了一封信描述了他的烦恼：[1]

> 为了不持续地被狄拉克所烦扰，我换了一个题目做，得到了一些成果。

狄拉克方程之妙处虽然当时立刻被同行所认识，可是它有一项前所未有的特性，叫做"负能"现象，这是大家所绝对不能接受的。狄拉克的文章发表以后三年间关于负能现象有了许多复杂的讨论，最后于 1931 年狄拉克又大胆提出"反粒子"理论（Theory of Antiparticles）来解释负能现象。这个理论当时更不为同行所接受，因而流传了许多半羡慕半嘲弄的故事。直到 1932 年秋安德森（C. D. Anderson, 1905—1991）发现了电子的反粒子以后，大家才渐渐认识到反粒子理论又是物理学的另一个里程碑。

20 世纪的物理学家中，风格最独特的就数狄拉克了。我曾想把他的文章的风格写下来给我的文、史、艺术方面的朋

---

[1] 海森堡是当时最被狄拉克方程所烦扰的物理学家，因为他是这方面的大专家。1913 年波尔最早提出了量子数的观念，这些数都是整数。1921 年，还不到 20 岁的学生海森堡大胆提出量子数是 1/2 的可能，1925 年两位年轻的荷兰物理学家把 1/2 的量子数解释成自旋角动量。这一些发展都是唯象理论，它们得到了许多与实验极端符合的结果，十分成功，可是它们都还只是东拼西凑出来的理论。狄拉克方程则不然，它极美妙地解释了为什么自旋角动量必须是 1/2。由此我们很容易体会到当天才的海森堡看了狄拉克方程，在羡佩之余必定会产生高度的烦恼。

友们看，始终不知如何下笔。1996 年偶然在香港《大公报》大公园一栏上看到一篇文章，其中引用了高适（700—765）在《答侯少府》中的诗句："性灵出万象，风骨超常伦。"我非常高兴，觉得用这两句来描述狄拉克方程和反粒子理论是再好不过了。一方面狄拉克方程确实包罗万象，而用"出"字描述狄拉克的灵感尤为传神。另一方面，他于 1928 年以后四年间不顾波尔（N. Bohr, 1885—1962）、海森堡、泡利等当时的大物理学家的冷嘲热讽，始终坚持他的理论，而最后得到全胜，正合"风骨超常伦"。

可是什么是"性灵"呢？这两个字联起来字典上的解释不中肯。若直觉地把"性情"、"本性"、"心灵"、"灵魂"、"灵犀"、"圣灵"（Ghost）等加起来似乎是指直接的、原始的、未加琢磨的思路，而这恰巧是狄拉克方程之精神。刚好此时我和香港中文大学童元方博士谈到《二十一世纪》上有关钱锁桥的一篇文章，才知道袁宏道（1568—1610）和后来的周作人（1885—1967）、林语堂（1895—1976）等的性灵论。袁宏道说他的弟弟袁中道（1570—1623）的诗是"独抒性灵，不拘格套"，这也正是狄拉克作风的特征。"非从自己的胸臆流出，不肯下笔"，又正好描述了狄拉克的独创性！

海森堡

比狄拉克年长一岁的海森堡是 20 世纪另一位大物理学

图 2 （上）海森堡（右）狄拉克与海森堡 1930 年前后在美国剑桥

家，有人认为他比狄拉克还要略高一筹①。他于 1925 年夏天写了一篇文章，引导出了量子力学的发展。38 年以后，科学史家库恩（T. Kuhn，1922—1996）访问他，谈到构思那个工作时的情景。海森堡说：

> 爬山的时候，你想爬某个山峰，但往往到处是雾……你有地图，或别的索引之类的东西，知道你的目的地，但是仍坠入雾中。然后……忽然你模糊地，只在数秒钟的功夫，自雾中看到一些形象，你说："哦，这就是我要找的大石。"整个情形自此而发生了突变，因为虽然你仍不知道你能不能爬到那块大石，但是那一瞬间你

———————

① 诺贝尔奖委员会似持此观点：海森堡独获 1932 年诺贝尔奖，而狄拉克和薛定谔合获 1933 年诺贝尔奖。

说："我现在知道我在什么地方了。我必须爬近那块大石，然后就知道该如何前进了。"

这段谈话生动地描述了海森堡1925年夏摸索前进的情形。要了解当时的气氛，必须知道自从1913年波尔提出了他的原子模型以后，物理学即进入了一个非常时代：牛顿（I. Newton, 1642—1727）力学的基础发生了动摇，可是用了牛顿力学的一些观念再加上一些新的往往不能自圆其说的假设，却又可以准确地描述许多原子结构方面奇特的实验结果。奥本海默（J. R. Oppenheimer, 1904—1967）这样描述这个不寻常的时代：

> 那是一个在实验室里耐心工作的时代，有许多关键性的实验和大胆的决策，有许多错误的尝试和不成熟的假设。那是一个真挚通讯与匆忙会议的时代，有许多激烈的辩论和无情的批评，里面充满了巧妙的数学性的挡架方法。

> 对于那些参加者，那是一个创新的时代，自宇宙结构的新认识中他们得到了激奋，也尝到了恐惧。这段历史恐怕永远不会被完全记录下来。要写这段历史须要有像写奥迪帕斯（Oedipus）或写克伦威尔（Cromwell）那样的笔力，可是由于涉及的知识距离日常生活是如此遥远，实在很难想象有任何诗人或史家能胜任。

1925 年夏天，23 岁的海森堡在雾中摸索，终于摸到了方向，写了上面所提到的那篇文章。有人说这是三百年来物理学史上继牛顿的《数学原理》以后影响最深远的一篇文章。

可是这篇文章只开创了一个摸索前进的方向，此后两年间还要通过波恩（M. Born, 1882—1970）、狄拉克、薛定谔（E. Schrödinger, 1887—1961），波尔等人和海森堡自己的努力，量子力学的整体架构才逐渐完成。[①]量子力学使物理学跨入崭新的时代，更直接影响了 20 世纪的工业发展，举凡核能发电、核武器、激光、半导体元件等都是量子力学的产物。

1927 年夏, 25 岁尚未结婚的海森堡当了莱比锡（Leipzig）大学理论物理系主任。后来成名的布洛赫（F. Bloch, 1905—1983，核磁共振机制创建者）和泰勒（E. Teller, 1908—2003，"氢弹之父"，我在芝加哥大学时的博士学位导师）都是他的学生。他喜欢打乒乓球，而且极好胜。第一年他在系中称霸，1928 年秋，自美国来了一位博士后，自此海森堡只能

---

① 紧跟着海森堡的文章。数月内即又有波恩与约尔丹（P. Jordan, 1902—1980）的文章和波恩、海森堡与约尔丹的文章。这三篇文章世称《一人文章》、《二人文章》及《三人文章》，合起来奠定了量子力学的数学结构。狄拉克和薛定谔则分别从另外的途径也建立了同样的结构。但是这个数学结构的物理意义却一时没有明朗化。1927 年海森堡的"测不准原理"和波尔的"互补原理"才给量子力学的物理意义建立了"哥本哈根解释"。

屈居亚军。这位博士就是大家都很熟悉的周培源。

海森堡所有的文章都有一共同特点：朦胧、不清楚、有渣滓，与狄拉克的文章的风格形成一个鲜明的对比。读了海森堡的文章，你会惊叹他的独创力（originality），然而会觉得问题还没有做完，没有做干净，还要发展下去。而读了狄拉克的文章，你也会惊叹他的独创力，同时却觉得他似乎已把一切都发展到了尽头，没有什么再可以做下去了。

前面提到狄拉克的文章给人"秋水文章不染尘"的感受，海森堡的文章则完全不同，二者对比清浊分明。我想不到有什么诗句或成语可以描述海森堡的文章，既能道出他天才的独创性，又能描述他思路中不清楚、有渣滓、有时似乎茫然乱摸索的特点。

物理学与数学

海森堡和狄拉克的风格为什么如此不同？主要原因是他们所专注的物理学内涵不同。为了解释此点，请看图3所表示的物理学的三个部门和其中的关系："唯象理论"（pheno-menological theory）是介乎"实验"和"理论架构"之间的研究。"实验"和"唯象理论"合起来是实验物理，"唯象理

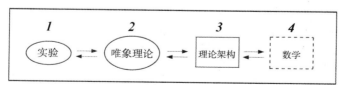

图3　物理学的三个领域

论"和"理论架构"合起来是理论物理，而理论物理的语言是数学。

物理学的发展通常自"实验"开始，即自研究现象开始。关于这一发展过程，我们可以举很多大大小小的例子。先举牛顿力学的历史为例，布拉赫（T. Brahe, 1546—1601）是实验天文物理学家，活动领域是"实验"。他做了关于行星轨道的精密观测。后来开普勒（J. Kepler, 1571—1630）仔细分析布拉赫的数据，发现了有名的开普勒三大定律。这是"唯象理论"。最后牛顿创建了牛顿力学与万有引力理论，其基础就是开普勒的三大定律，这是"理论架构"。

再举一个例子：通过 18 世纪末、19 世纪初的许多电学和磁学的实验，安培（A. Ampère，1775—1836）和法拉第（M. Faraday, 1791—1867）等人发展出了一些"唯象理论"。最后由麦克斯韦归纳为有名的麦克斯韦方程（即电磁学方程），才步入理论架构的范畴。

另一个例子，19 世纪后半叶许多实验工作引导出普朗克（M. Planck, 1858—1947）1900 年的唯象理论。然后经过爱因斯坦（A. Einstein, 1879—1955）的文章和波尔的工作等，又有一些重要发展，但这些都还是唯象理论。最后通过量子力学之产生，才步入理论架构的范畴。

海森堡和狄拉克的工作集中在图 3 所显示的哪一些领域呢？狄拉克最重要的贡献是前面所提到的狄拉克方程

（D）。海森堡最重要的贡献是海森堡方程[①]，是量子力学的基础：

$$pq - qp = - i\hbar \quad (H)$$

这两个方程都是理论架构中之尖端贡献。二者都达到物理学的最高境界。可是写出这两个方程的途径却截然不同：海森堡的灵感来自他对实验结果与唯象理论的认识，进而在摸索中达到了方程式（H）；狄拉克的灵感来自他对数学的美的直觉欣赏，进而天才地写出他的方程（D）。他们二人喜好的，注意的方向不同，所以他们的工作的领域也不一样，如图4所示。（此图也标明玻尔、薛定谔和爱因斯坦的研究领域。爱因斯坦兴趣广泛，在许多领域中，自"唯象理论"至"理论架构"至"数学"，都曾做出划时代的贡献。）

海森堡从实验与唯象理论出发：实验与唯象理论是五光

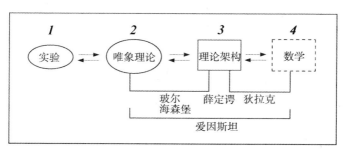

图4　20世纪几位物理学家的研究领域

[①]　事实上海森堡并未能写下（H），他当时的数学知识不够，（H）是在第8页注释中所提到的《二人文章》与《三人文章》中最早出现的。

十色、错综复杂的，所以他要摸索，要犹豫，要尝试了再尝试，因此他的文章也就给读者不清楚、有渣滓的感觉。狄拉克则从他对数学的灵感出发：数学的最高境界是结构美，是简洁的逻辑美，因此他

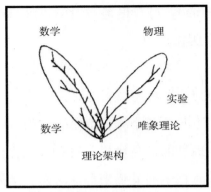

图 5　二叶图

的文章也就给读者"秋水文章不染尘"的感受。

　　让我补充一点关于数学和物理的关系。我曾经把二者的关系表示为两片在茎处重叠的叶片（图 5）。重叠的地方同时是二者之根，二者之源。如微分方程、偏微分方程、希尔伯特空间、黎曼几何和纤维丛等，今天都是二者共用的基本观念。这是惊人的事实，因为首先达到这些观念的物理学家与数学家曾遵循完全不同的路径，完全不同的传统。为什么会殊途同归呢？大家今天没有很好的答案，恐怕永远不会有，因为答案必须牵扯到宇宙观、知识论和宗教信仰等难题。

　　必须注意的是在重叠的地方，共用的基本观念虽然如此惊人的相同，但是重叠的地方并不多，只占二者各自的极少部分。譬如实验与唯象理论都不在重叠区，而绝大部分的数学工作也在重叠区之外。另外值得注意的是即使在重叠区，虽然基本观念物理与数学共用，但是二者的价值观与传统截

然不同，而二者发展的生命力也各自遵循不同的茎脉流通，就如图 5 所示。

常常有年轻朋友问我，他应该研究物理，还是研究数学。我的回答是这要看你对哪一个领域里的美和妙有更高的判断能力和更大的喜爱。爱因斯坦在晚年时（1949 年）曾经讨论过为什么他选择了物理，他说：

> 在数学领域里，我的直觉不够，不能辨认哪些是真正重要的研究，哪些只是不重要的题目。而在物理领域里，我很快学到怎样找到基本问题来下工夫。

年轻人面对选择前途方向时，要对自己的喜好与判断能力有正确的自我估价。

美与物理学

物理学自"实验"到"唯象理论"到"理论物理"是自表面向深层的发展。表面有表面的结构，有表面的美。譬如虹和霓是极美的表面现象，人人都可以看到。实验工作者作了测量以后发现虹是 42°的弧，红在外，紫在内；霓是 50°的弧，红在内，紫在外。这种准确规律增加了实验工作者对自然现象的美的认识，这是实验。进一步的唯象理论研究使物理学家了解到这 42°与 50°可以从阳光在水珠中的折射与反射推算出来，此种了解显示出了深一层的美。再进一步的研究更深入了解折射与反射现象本身可从一个包容万象的麦克斯韦方程推算出来，这就显示出了极深层的理论架构的美。

牛顿的运动方程、麦克斯韦方程、爱因斯坦的狭义与广义相对论方程、狄拉克方程、海森堡方程和其他五六个方程是物理学理论架构的骨干，它们提炼了几个世纪的实验工作与唯象理论的精髓，达到了科学研究的最高境界。它们以极度浓缩的数学语言写出了物理世界的基本结构，可以说是造物者的诗篇。

这些方程还有一方面与诗有共同点：它们的内涵往往随着物理学的发展而产生新的、当初所完全没有想到的意义。举两个例子，上面提到过的 19 世纪中叶写下来的麦克斯韦方程是在本世纪初通过爱因斯坦的工作才显示出高度的对称性，而这种对称性以后逐渐发展为 20 世纪物理学的一个最重要的中心思想。另一个例子是狄拉克方程，它最初完全没有被数学家所注意，而今天狄拉克流型（Dirac Manifold）已变成数学家热门研究的一个新课题。

学物理的人了解了这些像诗一样的方程的意义以后，对它们的美的感受是既直接而又十分复杂的。它们的极度浓缩性和它们的包罗万象的特点也许可以用布雷克（W. Blake, 1757—1827）的不朽名句来描述：To see a World in a Grain of Sand And a Heaven in a Wild Flower Hold Infinity in the palm of your hand And Eternity in an hour.

（一粒砂里有一个世界，一朵花里有一个天堂，把无穷无尽握于手掌，永恒宁非刹那时光。陈之藩译。）

它们的巨大影响也许可以用蒲柏（A. Pope, 1688—1744）的名句来描述：

Nature and nature's law

lay hid in night：

God said, let Newton be!

And all was light.

（自然与自然规律被黑暗隐蔽：上帝说，让牛顿来！一切遂臻光明。作者译。）

可是这些都不够，都不够全面地道出学物理的人面对这些方程的美的感受。缺少的似乎是一种庄严感，一种神圣感，一种初窥宇宙奥秘的畏惧感。我想缺少的恐怕正是筹建哥特式（Gothic）教堂的建筑师们所要歌颂的崇高美、灵魂美、宗教美、最终极的美。

爱因斯坦对二十一世纪理论物理学的影响

□杨振宁

125 年前爱因斯坦诞生于乌尔姆（Ulm）[①]。今天我受邀在此城市作关于爱因斯坦的演讲，实感到非常荣幸。我很希望我能用德文来讲，可是我知道，如果我这样做，可能因为我的德文用字不当，会使你们听起来很费力。承蒙你们同意，我将用英文来讲。

爱因斯坦是 20 世纪最伟大的物理学家，他和牛顿是迄

---

① 爱因斯坦生于 1879 年，作者写此文时是 2004 年，所以说是 125 年前。

今为止，世界历史上最伟大的两位物理学家。他的工作的特点是：深入、广阔、丰富和坚持不懈。20世纪基础物理学三个伟大的概念上的革命，两个归功于他，而对另外一个，他也起了决定性的作用。

第一个革命：狭义相对论（1905）

相对论这个名词，并不是爱因斯坦，而是庞加莱（Henri Poincar，1854—1912）发明的。庞加莱在1904年的一次演讲中讲道：

> 按照相对论原则，不论是对于一个不移动的，或者是以均速运动的观察者来说，物理现象的定律应该是相同的。因此，我们不能，也没有任何方法可以分辨我们是否在从事这样的运动。

这段话不仅提出了"相对论"这个名词，而且描绘出在哲学上绝对正确的、令人吃惊的洞察力。不过庞加莱并没有了解此想法在物理学中的全部含义。在同一演讲后面的段落显示出他没有能领悟"同时性"是相对的这个关键的和革命性的概念。

爱因斯坦也不是第一个写出下面这组极为重要的变换公式的人。

$$x' = \gamma\,(x - vt),\ y' = y,\ z' = z$$
$$t' = \gamma\,(t - \frac{vx}{c_2})$$
$$\gamma = \frac{1}{\sqrt{1 - v^2/c^2}}$$

这是洛伦兹（Hendrik A. Lorentz, 1853—1928）早已提出来的。这个变换曾经，至今仍是，以洛伦兹的名字命名。可是洛伦兹也没有领悟"同时性"是相对的这个革命性的概念。他在 1915 年写道：

> 我没有成功的主要原因是我墨守只有变量 t 可被看作是真正的时间，我的局部时间 t' 最多只被认为是一个辅助的数学量。

这就是说，洛伦兹懂了相对论的数学，可是没有懂其中的物理学，庞加莱则是懂了相对论的哲学，但也没有懂其中的物理学。

庞加莱是当时伟大的数学家，洛伦兹则是当时伟大的理论物理学家。可是这个革命性的、反直观的发现，即"同时性"实际上是相对的，却有待于 26 岁的瑞士专利局职员爱因斯坦来完成。这个发现导致了物理学的革命。

这个革命还将另一个重要的概念带进了物理学，即"对称"的概念。"对称"今日已成为 20 世纪物理学的中心主题之一，而且肯定将引导并决定 21 世纪理论物理学的发展。在本演讲的后面我们将回到这个概念。

第二个革命：广义相对论（1916）

广义相对论是爱因斯坦卓越和深奥的创造。就其原创性和胆识而言，我相信它在物理学史中是无与伦比的。广义相对论是由下述两方面所推动：等效原理以及在对称（或不变性）思想方面的有远见的发展。关于后者，爱因斯坦在其晚年著作《自述注记》（Autobiographical Notes）中写道：

> ……狭义相对论（洛伦兹变换下的定律的不变性）的基本要求太窄，即必须假定，定律的不变性对于四维连续域中坐标的非线性变换而言，也是相对的。

这发生在 1908 年。

可是要实现这个思想是艰难和缓慢的，它花了爱因斯坦八年之久。它对第一次世界大战后的欧洲产生了巨大的冲击，爱因斯坦因而成为全世界家喻户晓的名字。

广义相对论已在 20 世纪、而且还将在 21 世纪产生深远和广泛的影响：它已导致几何学的重要发展。它导出统一场论思想，而统一场论已成为基础物理学中迄今尚未完全解决的主要目标之一。它还导出现代宇宙论这门学科，这门学科肯定将成为 21 世纪重要的科学领域之一。

第三个革命：量子论（1900—1925）

量子论是人类历史上一次伟大的知识革命。这个革命肇始于 1900 年普朗克（Max Planck, 1858—1947）提出的大胆假设，即黑体辐射的发射和吸收是量子化的。然而这个大胆的假设以后的发展却极其困难，而且有时看起来是没有希望的。1953 年奥本海默（J. Robert Oppenheimer）在他的莱斯讲座中生动地描述了从 1900 到 1927 年为弄懂量子化思想的努力：

> 我们对原子物理的了解，即我们称之为原子系统的量子理论，源自世纪交替之时以及 20 世纪 20 年代时大量的综合和解析工作。那是一个异常大胆的时代。它不是某一个人努力的结果，它包括来自许多国家的科学家的合作……

1924—1925 年间，物理学中量子化的意义尚未被最后澄清，爱因斯坦又提出了一个大胆的思想：玻色—爱因斯坦凝聚。当时的物理学家对此都很惊诧和怀疑。而这个思想在最近几年中却已经成为基础物理中最热门的课题，并且可以指望它在未来会有神奇的用处。整个发展是爱因斯坦具有敏锐洞察力的又一个例子：他的洞察力远远超越同时代的人。这是爱因斯坦天才的标志。

蓝佐斯（Cornelius Lanczos）在《爱因斯坦的十年（1905—1915）》（The Einstein Decade [1905—1915]）中曾这样描述爱因斯坦在柏林当教授时的风格：

> 几乎每一个和他接触过的人，都对他的风格的魅力留下了深刻的印象。

在沃尔夫（Harry Woolf）为庆祝 1979 年爱因斯坦百年寿辰而编的文集上，威格纳（Eugene P. Wigner）写道：

那些物理学讨论会使我们认识了爱因斯坦思考的明晰，他的坦率、谦逊以及讲解的技巧。

"着迷"于统一场论

在普林斯顿，爱因斯坦有一连串的助手。在前述沃尔夫编的文集中，爱因斯坦的助手之一霍夫曼（Banesh Hoffmann）这样描述爱因斯坦和助手们的关系：

> 他从未对我们采用居高临下的姿态。不论是在学术上还是在感情上，他都使我们感到非常经松自在。

请允许我在这里插进一些关于我个人的话题。1949 年我到普林斯顿高等研究所时，爱因斯坦已经退休。我们这些年轻物理学家对我们领域中这位传奇人物非常崇敬，但是很自然，我们都不敢去打扰他。不过在他对我和李政道在 1952 年写的两篇关于相变的文章发生兴趣后，曾找过我一次。那次我去了他的办公室，在他那里待了一个多小时。在他面前我很拘谨，并没有真正听懂他主要的想法，只知道他对于李和我阐明的液—气相变的麦克斯韦式的图很有兴趣。

我现在很懊悔从来没有和爱因斯坦一起合影，不过 1954 年秋天，我为我的儿子和他拍过一张照片。那张照片是在我和米尔斯（Robert L. Mills）已经写了非阿贝尔规范场那篇文章以后拍的。今天我很自然会问，如果那时我和他讨论了我们这篇文章的主要思想，他会有什么反应：他曾对相互作用的初始原理着迷多年，也许对非阿贝尔规范场理论会有兴趣。

爱因斯坦在普林斯顿主要研究统一场论。他在创立广义相对论以后就专注于这项研究。他在这方面的努力是不成功的，而且招来了广泛的批评，甚至嘲笑。举例来说，拉比（I. I. Rabi）曾说：

> 回想爱因斯坦从 1903 或 1902 年到 1917 年的成就，那是非凡多产的，极具创造性，非常接近物理学，有惊人的洞察力。然后他去学习数学，特别是各种形式的微分几何，他变了。

他的想法变了。他在物理学中那样重大的创见也变了。拉比对不对？爱因斯坦有没有变？

为了回答这个问题，让我们来读一下爱因斯坦在其《自述注记》中写的，数学怎样会变得对他重要了：

> 在还是学生时我并不清楚，深奥的物理学基本原理和最复杂的数学方法的关系密切。只是在我独立地从事科学工作多年后，我才逐渐明白这一点。

由此可见，爱因斯坦寻找"物理学基本原理"的目标并没有变。改变的只是他探讨问题的方法。创立广义相对论的经验告诉他：

可是创立（广义相对论）的基本原理蕴藏于数学之中。因此，在某种意义上来说，我认为纯粹推理可以掌握客观现实，这正是古人所梦想的。

爱因斯坦的目标始终是探索"物理学的基本原理"。1899年当他还是学生时，他写信给米列娃（Mileva Maric，他们后来在1903年结了婚）：

> 亥姆霍兹的书还了，我现在仔细重看赫兹的有关电的力的传送，因为我不懂亥姆霍兹电动力学中最少运动原则的理论。我愈来愈相信今日所提出的运动物体的电动力学与事实并不相符，我们可能可以用更简单的方法去表示出来。

他在20岁时已经对物理学的基本原理发生兴趣。而到1905年，他所注意的这个基本原理就成为物理学伟大的革命之一——狭义相对论！

今天来评价爱因斯坦对统一场论的执著，我们可以说他确是着了迷。可是这是个多么重要的迷，它为以后的理论研究指出了方向，它对基础物理学的影响将深入到21世纪。

更具体地讲，爱因斯坦曾一再强调的下列研究方向，直到现在物理学家才真正认识它们的重要性：

1. 物理学的几何学化

1934年爱因斯坦在《物理学中的空间、以太和场的问题》（The Problem of Space, Ether, and the Field in Physics）

一文中写道：

> 存在度规—引力和电—磁两种互相独立的空间结构……我们相信，这两种场必须和一个统一的空间结构相对应。

在这里他已经直觉地认识到电磁是一个"空间结构"。这个直觉促使韦尔（Hermann Weyl, 1885—1955）在 1918—1919 年提出电磁学是一种规范理论，"规范"的意思是"量度"，是一个几何概念。爱因斯坦当时批评这个理论是非物理的（下面我们还将回到这一点）。后来在 1927—1929 年间，福克（Vladimir A. Fock）、伦敦（Fritz London）和韦尔本人修改了这个理论，在"规范"的指数中加了一个因子 $i = \sqrt{-1}$，使规范成为"相位"，从而形成了一个完美的几何理论。

这个新的规范理论在 1954 年被推广为非阿贝尔规范理论。自那时以来，非阿贝尔规范理论已经成为基本粒子物理中非常成功的标准模型的基础。从许多方面来看，非阿贝尔规范理论是一个尚未竟全功的统一场论，部分地圆了爱因斯坦的梦。

非阿贝尔规范理论的数学基础是一个称为纤维丛上的联络的几何结构。它和几何学密切相关的另一个理由是它广泛地，在基础上用了对称的概念。

在前面我们曾提到，爱因斯坦靠了广泛的对称性创立了广义相对论。非阿贝尔规范理论也具有类似的、广泛的对称。用数学语言来说，广义相对论的对称在于正切丛，而非阿贝尔规范理论则在于以李群为基础的丛。

对称本来是一个纯粹的几何学概念。这个概念就这样成为基础物理学的基础。我曾用"对称支配相互作用"来描述这个发展。

2. 自然定律的非线性化

爱因斯坦在其《自述注记》中写道：

> 真正的定律不会是线性的，也不能从线性定律导出。

广义相对论和非阿贝尔规范理论都是高度非线性的，这是高度对称的内在要求。

3. 场的拓扑

爱因斯坦通过两个不同的途径将拓扑学引入了场论。第一个途径是在他创立宇宙学的时候，拓扑学立即作为他考虑对象的一个基本要素。第二个途径则比较不太为人所知，那就是前面已经提过的，他对韦尔早期的规范理论所持的异议。按照韦尔的理论，一根直尺在四维空间—时间中绕了一圈再回到原点，其长度将有改变。爱因斯坦在他给韦尔早期文章之一所写的跋中对此提出异议：长度因此而有改变意味着不可能将直尺标准化，因此不可能有物理定律。

爱因斯坦的短跋具有爱因斯坦所特有的思考风格：直捣物理的核心。它给了韦尔的原始思想以致命的打击。只有在前面已经提到过的，插入了因子 i，将长度改变转换为相位改变之后，才救活了这个思想。

上述转换也消除了爱因斯坦原来的异议。可是相位改变是一个可以测量的量。如何测量呢？这就是由阿哈罗诺夫（Yakin Aharonov）和玻姆（David Bohm）两人在 1959 年提出的，有名的阿哈罗诺夫—玻姆实验（当时他们并不知道爱因斯坦所写的跋）。这个实验涉及两股电子束流的干涉，它和爱因斯坦原来的跋中绕圈的几何相当。这是一个很难做的实验，外村彰和他的共同工作者们在 1986 年左右出色地、定量地完成了这个实验。

我要指出，这是首个实验，证明在电磁学中，拓扑十分重要。电磁场是阿贝尔规范理论。在非阿贝尔规范理论的未来发展中，拓扑肯定将起更重要的作用。

爱因斯坦的反思

爱因斯坦在研究工作中非常独立和执著。他的动力来自他对自然的强烈好奇心。在 1931 年的《我所看到的世界》（The World as I See It）一文中，爱因斯坦清楚地透露出来了他的力量的源泉。也就是说他清楚地透露出来了爱因斯坦之所以为爱因斯坦：

> 我们能有的最美妙的经验是神秘感。是这种原始的激情孕育了真正的艺术和真正的科学。
>
> 不论是谁，如果没有这激情，如果不再感到好奇和惊异，那就和死去了一样，他的眼睛即失去了光明。这

种神秘感，再渗入些恐惧，就形成了宗教。

认识到存在某些我们无法洞察的事物，认识到我们只了解最深的理论和最美丽的结构的皮毛，是这种认识和这种情感构成了真正的宗教信仰。在这个意义上，也只是在这个意义上，我是一个深深投入宗教的人。

在另一场合，爱因斯坦强调"品性"对研究工作的重要性。在1935年一次纪念居里夫人的会上，他讲道：

领袖人物的道德素质，比纯粹的知识方面的成就，对于一代人和整个历史发展进程的影响，似乎更为重要。

即使知识方面的成就，也取决于品性的崇高程度，而其所起的作用，比一般认为的要大得多。

在爱因斯坦诞生后125年，去世半个多世纪的今天，他的思想依然左右着基础物理的前沿。他不仅深深地改变了我们对于空间、时间、运动、能量、光和力这些基本概念的了解，而且还继续以他的品性来激励我们：独立思考、无畏、不受拘束、富有创造力而执著。

（注：本文原为杨振宁教授在德国纪念爱因斯坦诞生一百二十五周年大会上的英文演讲稿，由范世藩、杨振玉翻译，刊载在香港《二十一世纪》杂志上。）

艺术和科学

□李政道

1994 年，黄胄先生和我一起组织"艺术与科学"的研讨会，有许多艺术家和科学家参加，常沙娜院长、吴冠中、袁运甫和鲁晓波教授都是积极参加者。1995 年，为庆祝《科技日报》（台湾地区报纸）发行十周年，我们又曾很高兴地聚在一起以"对称与非对称"为题作画。

在座的许多年轻艺术家可能没参加上述活动。我想常院长、袁教授和鲁教授会允许我在这里重申一个基本的思想，即科学和艺术是不可分割的，就像一枚硬币的两面。它们共同的基础是人类的创造力，它们追求的目标都是真理的普遍性。

艺术，例如诗歌、绘画、雕塑、音乐等，用创新的手法去唤起每个人的意识或潜意识中深藏着的已经存在的情感。情感越珍贵，唤起越强烈，反映越普遍，艺术就越优秀。

科学，例如天文学、物理学、化学、生物学等，对自然界的现象进行新的准确的抽象。科学家抽象的阐述越简单、应用越广泛，科学的创造就越深刻。尽管自然现象本身并不依赖于科学家而存在，但对自然现象的抽象和总结乃属人类智慧的结晶，这和艺术家的创造是一样的。

科学家追求的普遍性是一类特定的抽象和总结，适用于所有的自然现象，它的真理性植根于科学家以外的外部世界。艺术家追求的普遍真理性也是外在的，它植根于整个人类，没有时间和空间的界限。

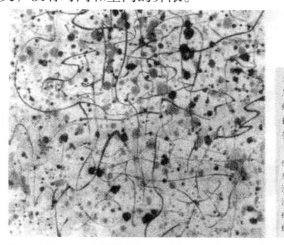

图6　左图为吴冠中教授所作题为《复杂与简单》的抽象画，右图为李政道教授的题画诗。

复杂与简单

1996 年 5 月底，在北京中国高等科技中心，混沌与分形的创始人费根鲍姆（M.Feigenbaum）、曼德勃罗（B.Mandelbrot）等与中国同行一起讨论的就是关于"复杂与简单"的科学课题。吴冠中教授以"复杂与简单"为题作了一幅抽象画，其题诗则概括了这幅画的神韵。我在与吴教授商榷后，改动了几个字，也书写了一首题画诗（图 6）。

标度定律

在科学中，许多复杂结构都遵从非常简单的数学公式。这里，让我们以海螺的形状为例。1917 年，汤姆森（D'Arcy Thomson）发现，海螺的螺旋结构可以用简单的数学公式来表示，这就是半径的对数线性地依赖于角度（即它们的变化是直线关系）。我们称这类关系为标度定律（图 7）。只要知道结构的一小部分，就能从标度关系预言整体的结构。

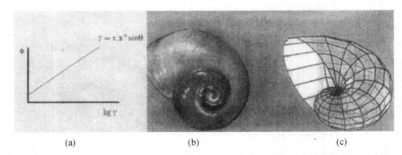

      (a)   (b)   (c)

图 7　标度定律与海螺结构：(a) 标度定律；(b) 海螺的外形；(c) 按照标度公式由计算机画出的图形。

分形

"分形"这一课题,是简单性产生复杂性的又一例证。由一组称为曼德勃罗集的复数,通过简单的数学结构可以得到一系列复杂的图形。相应的公式在数学上的构造为

$$C_n = C_{n-1}^2 + c$$

其中 c 是一个任意的固定数,C_n 是曼德勃罗数集的第 n 个元素。只要稍有耐心,任何人使用小计算器,就能由这个公式导出曼德勃罗数集,得到一组美妙的图形。从初始数 c 出发,完成如下步骤,即可导出曼德勃罗数集:

将 C_1 取平方再加 c,结果为 C_2 ($= C_1^2 + c$);将 C_2 取平方再加 c,结果为 C_3 ($= C_2^2 + c$);继续上述步骤,第 n 个数 C_n 是从前一个数 C_{n-1} 得到的,$C_n = C_{n-1}^2 + c$,余此类推。

如果取 c = 0.1,则有 $C_1 = 0.11$,$C_2 = 0.1121$,$C_3 = 0.11256641$,……每一步都使数 Cn 略有增长。重复此过程无穷次,仍会得到一个有限数 C_∞,它满足方程 $C_\infty = C_\infty^2 + c$。对于 c = 0.1,$C_\infty = 0.112701665……$

如果取 c = 1,则 $C_1 = 2$,$C_2 = 5$,$C_3 = 26$,……,每一步都使数增大很多,重复此过程无穷次,将得到无穷大。在这种情况下,对于任一给定的大数 M,一定能找到一个足够大的重复次数 N,使 C_N 大于 M。对于 c = 1,若 M = 100000,则 N = 5,因为 $C_5 = 458330$。

这样，可将所有初始数 c 分为两类：使 C_∞ 为有限的，属于 A 类，如 c = 0.1 的情况；其他的，即让 C_∞ 为无穷大的，属于 B 类，如 c = 1 的情况。

为了得到一组复杂的黑白图形，需取 c 为任意复数。为了再得到彩色图形，需对每一个黑白图形指定一个数 M，取图中任一点 c，产生数集 C_1，C_2，……直到 C_n 大于 M。将用颜色来代表 n 关联，结果就能得到一组美丽的图形。

为使科学家能准确地表达他们对自然界的抽象，数学方程式是必需的工具。不过，方程式只是工具，不能将它与科学的整体混淆。这就像旅行需要汽车，然而汽车行驶的方向则要由人决定。在这个意义上，汽车在实现驾车人的特定意愿。然而，一辆汽车绝不可能代表驾车人的人生目标。

道

自古以来，中国的哲学就是基于一个概念，即所有的复杂性都是从简单性产生的，如老子所说："道生一，一生二，二生三，三生万物。"

大千世界的复杂性是怎样从简单性中来的？或者说，世界的千变万化，通过什么机制才能从简单的"道"中产生？这些问题促使我们讨论"静和动"的关系。

静和动

世界是由带负电和带正电的粒子构成的。通过它们之间的相互作用，形成原子、分子，气体、固体，地球、太阳……

这种负电荷和正电荷的对偶结构，或称"阴"和"阳"，可以用著名的"太极"符号恰当地表现出来。

　　然而，正如吴作人在他的作品《无尽无极》中表现的，世界是动态的。这幅画（图 8）为中国高等科学技术中心（CCAST）的一次研讨会而作，很好地体现了如下意境：宇宙的全部动力学产生于似乎是静态的阴阳两极对峙——似静欲动的太极结构孕育着巨大的势能，这势能可以转换为整个宇宙的所有动能。

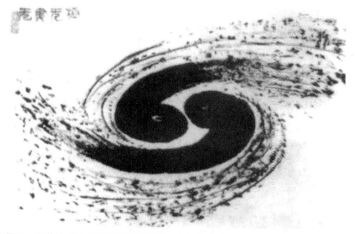

图 8　吴作人的中国画《无尽无极》，为祝贺北京正负电子对撞机（BEPC）
建造成功而作

北京正负电子对撞机

　　北京正负电子对撞机（BEPC）使两个强束流相对加速。一束电子流，一束正电子（电子的反粒子）流，在达到每个粒子 22 亿电子伏特的能量时发生对撞，由此产生许多新的粒子激发态。BEPC 的一个特别重要发现是在 1992 年精确测定了 τ 介子的质量，这一结果肯定了普遍性原理存在于所有的基本粒子（包括强子和轻子两类）之中。每类粒子有三代，这些粒子是构造宇宙中所有物质的基本单元。对于 τ 介子质量的精确测定，被国际物理学界视为当年粒子物理的最重要发现。受到 BEPC 成就的激励，常沙娜教授以敦煌石窟壁画的风格画了六座山峰，每个峰代表一代基本粒子。最重的轻子的峰用 BEPC 实验的数据表示（图 9）。

图 9　常沙娜的壁画风格画。中间的小图为 τ 介子质量和探测器效率双参数拟合曲线；画中那座代表最重的轻子山峰，其轮廓即取该曲线的形状。右上角是李政道的老师——费米的模板照片，表示他对 BEPC 实验成就的祝福。

相对论性重离子对撞机和真空激发

世界上目前正在建造的最大的高能加速器，是美国布鲁克黑文国家实验室（BNL）的相对论性重离子对撞机（RHIC）。这台使重离子发生对撞的加速器，耗资约 10 亿美元，于 1999 年建成，它可以使加速到 20 万亿电子伏特的金离子对撞，这个能量大约是 BEPC 对撞粒子能量的一万倍。在如此高的能量下，两个金核中的物质互相穿过，而将所带的相当一部分能量留下。人们以此来激发真空。

RHIC 的概念、建造和物理计划，与我本人及我在 BNL 厂和 CCAST 的同事们的研究工作密切相关。真空是一个无物质的状态，它恐怕是最静态的实体。但是由于相互作用不可能切断，真空中仍充满能量的涨落，其表观的静态性质掩盖了复杂的动力学状态。

碰撞之前，在两个相向高速飞行的金核之间通常是真空的。碰撞之后，这两个核所带物质几乎仍沿原来方向运动，但留下所带能量的相当一部分。因此，在两个迅速背向飞离的原子核之间的区域，有很短的一段时间没有物质（与通常的真空一样），却被激发了。这种激发的复杂性，和宇宙产生的最初瞬间，即一两百亿年前"大爆炸"时的情况相同。

为了称颂人类已有可能通过RHIC来探索宇宙的起源和真空的复杂性，李可染先生奉献了题为《核子重如牛对撞生

图 10　李可染的中国画《核子重如牛对撞生新态》，为人类有可能通过相对论性重离子对撞机激发真空而作。

新态》的画作（图 10）。这幅中国画是表现静态与动态相辅相成的又一杰作。画中，两牛抵角相峙，似乎完全是一种静态，而这相峙之态蕴含的巨大能量，却又是显而易见的，大有演变成激烈角斗之势。

科学的发现和艺术的表达

除真空以外，什么都是由物质构成的。物理的、天文的、生物的、化学的物质体系，都是由同样的有限种类的粒子、原子、分子构成的。科学的目的就是研究一切物质的基本原理，即"物理"。中文名词"物理"，乃物之理也，最初包罗所有的科学，不限于西方名词"physics"所指的范围。

"物理"一词，可从杜甫的诗句中找到。杜甫是自古以来最伟大的诗人之一，他于唐肃宗乾元元年所作的《曲江二首》中有如下诗句：

　　　　细推物理须行乐，何用浮名绊此身。

这一非凡的诗句，道出了一个科学家工作的真正精神。不可能找出比"细"和"推"更恰当的字眼，来刻画对物理的探索。由此可见，在辉煌的中国文明历史中，艺术和科学一直是不可分割地联系在一起的。

新星和超新星的发现

　　近世出土的中国古代甲骨文中，留有世界上第一次发现新星的观测记录。新星是一种爆发变星，它本来很暗，通常不易看见，爆发后的亮度却可在几天到一个月的短暂期间内突然增强几万倍，使人误以为是一颗"新星"，故得此误称并沿用至今。在一片于公元前13世纪的某一天刻写的甲骨文上，记载着位于心宿二附近的一次新星爆发（图11）。在这片甲骨文上，说到"新大星"时，所用的甲骨文"新"字中，包含着一个箭头，指向一个很奇怪的方向。这个古老生动、艺术形象的象形文字强调了科学发现的创新性，显示了科学发现和艺术表达的一致性。

　　在另一片于几天后刻写的甲骨文上，又记载了这颗星的亮度已经明显下降。新星爆发是因核

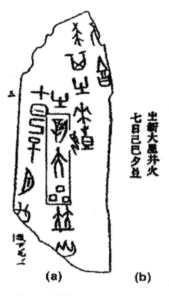

图11　记载公元前13世纪一次新星爆发的一片中国古代甲骨文，这是人类历史上最古老的新星观测记录。如图(a)所示的这片甲骨文目前收藏在台湾的某研究院。其左边两行文字的释文见图(b)，其大意为：七日（己巳）黄昏时有一颗新星出现在大火（即心宿二）附近。图(a)中加方框的三个甲骨文即"新大星"三字。

的合成而发生的。在一颗恒星的整个演化过程中，可以数次变成新星，而变成超新星，却只有一次机会，那就是它"死亡"的时刻。超新星爆发是一种比新星爆发猛烈得多的天文事件，爆发时的亮度高达太阳亮度的百亿倍。它意味着这颗恒星的最后崩坍，或是变成星云遗迹，或是因其质量的不同而变成白矮星、中子星或黑洞。

超新星是罕见的天象，在宋史中有关于超新星的最早的完整记载。其中说到，在宋仁宗至和元年的一天，即1054年8月27日，大白天的天空中突然出现一个如鸡蛋大小的星体，其亮度缓慢地减弱，两年后，即于1056年4月变得难以观测。这颗超新星位于蟹状星云的区域，现在我们知道其中心确实有一颗中子星（脉冲星）。宋史中对其亮度变化的详细记载与现代的天文知识完全相符。事实上，这是现存的第一个这样的科学记录。

屈原如何推断地球必须是圆的

另一个艺术与科学统一的典型的例子是屈原的文章《天问》。在现存屈原的十七卷作品中，它属于第三卷。这篇以气势磅礴的诗句写成的文章，完全可能是基于几何学分析、应用了精确推理的最早的宇宙学论文之一。我在这里抄录其中的两段：

九天之际，安放安属？

隔限多有，谁知其数？

东西南北，其修孰多？

南北顺椭，其衍几何？

诗中的"九天"指天球的九个方向：东方昊天，东南方阳天，南方赤天，西南方朱天，西方成天，西北方幽天，北方玄天，东北方鸾天，中央钧天。

在第一段中，屈原推理道：假定天空的形状是半球，若地是平的，天地交接处必将充满奇怪的边边角角。什么能够放在那里？它又属于什么？宇宙这种非解析的几何形状太不合理，因而不可能存在。因此，地和天必不能互相交接。两者必须都是圆的，天像蛋壳，地像蛋黄（当然其间没有蛋白），各自都能独立转动。

在第二段中，屈原推测，地的形状可能偏离完美的球形。东西为经，南北为纬。屈原问道，哪个方向更长？换句话说，赤道圆周比赤经圆周更长还是更短？然后，他又问道，如果沿赤道椭圆弧运动，它又应当有多长？

今天我们知道，地球的赤道半径（6378.14千米）略长于地球的极半径（6356.755千米）。而公元前五世纪的屈原，在推论出"地"必须是圆的之后，甚至还能想象出"地"是扁的椭球的可能性，堪称一个奇迹。这一几何、分析和对称性的绝妙运用，深刻地体现了艺术与科学的统一。

璧、琮、璇玑和正极

按中国的传统，玉璧代表天，玉琮代表地。《周礼》中就有"以苍璧礼天，以黄琮礼地"的说法。玉璧和玉琮，形状精美悦目，都是绝妙的艺术品。然而，人们却不知道它们的来源。这里，我想尝试地给出一种个人的新推测，也许璧和琮是某种更古老的天文仪器的艺术表现。

我们不妨设想，有一位生活在新石器时代的聪明祖先，他为美丽的夏季夜空所吸引，从入夜到拂晓，一直仰望着星星闪烁的清朗天穹，夜夜如此。当他发现天幕中所有的星星都缓缓绕着自己旋转时，自然会奇怪什么宇宙之力能引起这样无限宏大的运动？而且，天空中有一个点是不动的，这又是为什么？

所有的转动都应当绕着一个不动的轴进行。天空中转动着的星星也一定绕着一个固定轴，即使我们看不见它。这个轴与半天球的交点决定了天空中的一个固定点（称为"正极"）。今天我们知道，这根轴就是地球的自转轴。我们的祖先虽不知道这些，但聪明地领悟到，无论支配它的机制是什么，这一固定点具有根本的重要性，必须用仪器对它作精确定位。这就是我推测的璧和琮的来由。

璇玑是商代和商以前时期工艺品中的另一个谜，它很可能是新石器时代使用的一种真实仪器的艺术表现。按照西汉文献记载，璇玑是一种"径八尺，圆周二丈五尺"的圆盘，是"王者正天文之器"。自汉世以来，绝大多数人认为它是浑天仪的前身——璇玑玉衡中的一个部件。

最近我在想，一个新石器时代的中国天文学家，要把天空中的固定点准确定位到零点几度，可能设计一台怎样的科学仪器。

我想，他需要一个直径约八尺、中心有孔洞的大圆盘，盘的边缘刻有三个近似方形的凹槽。圆盘借中心孔洞，套装在一个约十五尺长的直圆柱筒上端，柱筒截固的中心有一个孔。当天文学家在柱筒的下端通过盘边的凹槽观测天空时，可以看到每个槽中都嵌有一颗亮星。在庞阳教授的帮助下，我推测这三颗星很可能是大熊座（北斗）的η星，以及天龙座的η星和λ星。随着夜色的推移，这三颗星在天幕上转动。为了使每个凹槽继续跟踪同一颗星（方形凹槽对此最有利），圆盘也需要作相应的转动。如果能精确地作这样的跟踪，就能从柱筒中心孔自动观测到天空中的固定点。

在盘的边缘有三个凹槽，这是决定圆心的充分必要条件。槽的位置，又取决于对需跟踪的三颗星的选择。为了得到最高的精确度，理想的设计是选择接近相等的间距。显然，盘越大、圆形越精确、圆柱筒越长，定位就越准确。在新石器时代的技术条件下，要以竹、木材料制作直圆筒，十五尺恐怕是极限长度了。为了使圆筒牢固与准直，还要在空心圆柱之外加上一个更结实的套筒，比如一个硬木制的用石头加固的方形套筒。这样，就成了一台仪器，我们不妨把它叫做"璇玑仪"（图 12）。

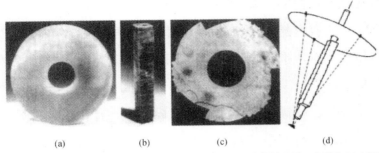

图 12 玉璧、玉琮、璇玑和古代天文仪器的复现 (a) 商代的玉璧，直径为 20.4 厘
米 (b) 商代的玉琮，高为 47.2 厘米 (c) 商代的璇玑，直径为 33 厘米 (d) 李政
道设计复现的古代"璇玑仪"，用于测定天空中固定点——正极，其中含有璧、
琮和璇玑等部件。

如果天空的固定点——正极，恰处于某一颗星的附近，人们定位的好奇心会更加强烈。如今，正极靠近小熊座的α星。过去的情况却并非如此，只是在公元前 2700 年左右是个例外。在更古老的年代，天龙座的 α 星几乎与正极相重叠。前面提到的三颗星，即天龙座的 η 星、λ 星和大熊座的 η 星，在当时都是相对比较亮的星。巨大的"璇玑仪"很可能就是在那个时期制造的，天龙座的重要性也由此得到重视。

从新石器时代进化到商代，这一科学的成就又激发了艺术的创造力。巨大的"璇玑仪"的部件演变成象征性的精细抛光的玉制艺术品：刻意带了槽的玉片是商代的玉璇玑，不带槽的正片是商玉璧，而圆柱筒和它的方形套筒则演化成商玉琮。

圆盘追踪于天，而方形套筒和圆柱筒则置于地。这就是璧表示天，琮表示地的原因。两者都是中华古代文明的杰出象征。作为玉雕，它是艺术，作为原始仪器，它是科学。艺术与科学如此紧密的联结，正是中国文化固有的内涵。幸运的是，我们至今还保存着这些精美的商代玉器。通过这些艺术品，我们才得以一瞥祖先的科学成就。

在构思重建这一古代仪器的过程中，袁运甫教授的一幅关于汉镜与自由电子激光的画作（图 13），给了我极大的鼓励。几年前，亚洲的第一束自由电子激光在中国成功地产生。1995 年CCAST组织了一次国际研讨会，庆祝这一成就。袁运甫教授奉献的杰作，用自由电子激光为桥梁，沟通了我国古代的成就和现代的功业。

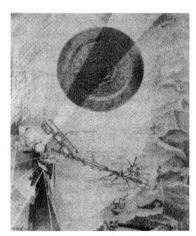

图13　袁运甫的绘画《汉镜传讯达万里，电子激光集须弥》，为中国成功地产生亚洲第一束自由电子激光而作。

对称与非对称

弘仁（1610—1664）的山水画是很有名的，他创建了几何山水画的中国学派。我们从他的作品中，不难找出一幅近似左右对称的山水画（图14）。这种几何山水画是对自然山水的抽象，能给人一种美的享受，但是，如果将画的一半与它的镜像组合，形成一幅完全对称的山水画，效果就会迥然不同。这种完全对称的画面，呆板而缺少生气，与充满活力的自然景观毫无共同之处，根本无美可言。

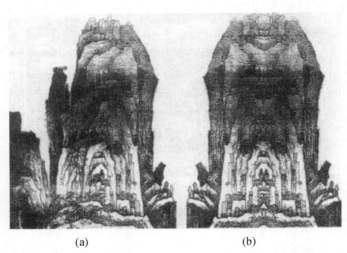

(a)　　　　　　　　　　　　(b)

图 14　近似对称与完全对称的画面 (a) 弘仁的一幅几何山水画，画中对岩石的分层结构的刻画清晰可见，也显示出内在的近似左右对称 (b) 将图 (a) 山水画的一半与其镜像组合而成的一幅完全对称的山水画，看上去有些阴森，像个巢穴，完全对称的结果使原来那幅山水画中的魅力丧失殆尽。

中国窗棂的对称性

　　对自然界中对称性的欣赏始终贯穿于人类的文明之中。各种规则的晶体，无论从宏观看还是从微观看，都是自然界中严格对称的突出例子。这激发了人类在装饰艺术中的相应尝试，例如中国的窗棂图案（图 15）。

图 15　三种中国窗棂图案 (a) 具有二重转动对称（记为 P_2）的图案 (b) 具有六重转动对称（记为 P_6）的图案 (c) 具有四重转动对称（记为 P_4）的图案，其四重转动的中心位于与垂线和水平线成 45°角的交叉路的交点上，镜像反射则对应于不通过转动对称中心的垂线与水平线

为准确地描写对称性，波利亚（George Polya）在 1924 年证明，一共有十七种二维的格点对称模式：

平行四边形：P_1, P_2

长方形：P_1m, P_1g, P_2mm, P_2mg, P_2gg

菱形：C_1m, C_2mm

正方形：P_4, P_4mm, P_4gm

六边形：P_3, P_3ml, P_3lm, P_6, P_6mm

其中，第一位上，字母 P 表示该模式的原胞，菱形由于历史原因例外地用 C 表示；第二位上，相应的数字表示原胞具有 1,2,3,4 或 6 重转动对称；第三和第四位上，m 表示镜像对称，g 表示滑移反射对称，若某对称性有不止一根对称轴，则相应的字符重复。

虽然，波利亚的证明到 20 世纪才确立，研究中国传统的窗棂图案是否已包含所有这十七种模式，仍然是件有趣的事。若果真如此，很可能中国古代的工匠已知道这一科学结论。

左右不对称

对称的世界是美妙的，而世界的丰富多彩又常在于它不那么对称。有时，对称性的某种破坏，哪怕是微小的破坏，也会带来某种美妙的结果。

宇称守恒定律的否定，正是由于发现了基本粒子在其弱相互作用中有左右不对称性的变化。1994 年，我在西安博物馆看到，汉代竹简上将"左右"写为"左"，颇受启发，有感而书：

> 汉代系镜中左，
> 近日反而写为右；
> 左右两字不对称，
> 宇称守恒也不准。

"镜像对称与微小不对称"是 1995 年第二次"艺术与科学"研讨会的主题，常沙娜和吴冠中贡献的两幅画（图 16、图 17），体现了"似对称而不对称"的美妙。艺术和科学都是对称与不对称的巧妙组合。

图 16 常沙娜的"水边铁花两三枝，似对称而不对称"。

图 17 吴冠中的"对称乎，未必对必，且看柳与影，峰两侧"。

真理的普遍性

我想，现在大家会同意我的意见，即艺术和科学是不可分割的。两者都在寻求真理的普遍性。普遍性一定植根于自然，而对它的探索则是人类创造性的最崇高表现。

中国古代文化有几方面与其他古代文化不同。唯有它是从新石器时代延续至今的；唯有它是基于自然与人类的和谐而不是任

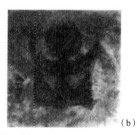

(a) (b)

图 18 关于日、月、山的石刻与绘画。(a) 大汶口的新石器时代石刻 (b) 鲁晓波的画作

何专制者的口味。在大汶口发现的新石器时代的雕刻"日、月和山"，就是一个极好的例证［图 18 (a)］。而鲁晓波的一幅画则是同一主题的现代演绎：日、月、山，这三个自然界的重要客体与人类的统一［图 18 (b)］。画中，山峰上的两

个天体，浑似一个人形，这一哲学和神话式的组合，似乎抒发了我们对自然的深厚感情。这幅画恰当地体现了 CCAST 的"关于二十一世纪中国环境问题研讨会"的目的。

碎形
——大自然的几何学

□伯努瓦·曼德勃罗[1]

　　科学与几何学总是携手并进的。开普勒在 17 世纪发现行星绕太阳运行的轨道，可用椭圆表示。这促使牛顿解释这些椭圆轨道为万有引力定律的结果。类似的情况是，理想单摆的往复运动由正弦波表示。简单的动力学往往与简单的几

---

[1]　伯努瓦·曼德勃罗是著名的数学家、经济学家，分形理论的创始人。本文摘自《大自然的分形几何》，译者是江西省南昌市医学院物理教研室的潘涛。

何形状相关。这样的数学图形表明物体形式与作用其上的力之间是一种平滑的关系。在行星和摆的例子里，它还暗示物理学是决定论的（deterministic），即你可根据这些系统的过去预言其未来。

碎形几何学的诞生

然而，两个新近的进展已经深刻地影响了几何学与物理学的关系。第一个来自这样的认识：大自然到处都是某种叫做决定论混沌（deterministic chaos）的东西。宇宙中有许多貌似简单的物理系统，遵守决定论定律，而其行为却无法预言。受两个力作用的摆就是例子。既确定又不可预测的运动概念出乎大多数人的意料。

第二个进展来自寻求以数学描述某些极不规则、错综复杂现象的努力。这些现象举目皆是：山川、云彩的形状、星系在宇宙中的分布，以及金融市场价格的起伏情况等。得到数学描述的一条途径是建立"模型"。也就是说，我（即曼德勃罗）必须创造或发现数学规则，以产生某部分实体——山或云的照片、高空星体图或者报纸金融版的图表的"机械赝品"。

诚然，伽利略曾声称"自然的大书是用数学语言写的"，并指出"其标志是三角形、圆形和其他几何图形，没有它们，我们就像在黑暗的迷宫中徒劳往返"。不过，这种欧几里得图形已证明无论在模拟决定论混沌抑或不规则系统方面均无能为力。这些现象需要的是与三角形和圆形大不相同的几何结构。它们需要非欧几里得结构——特别是称作碎形几何学的一种新几何学。

我于 1975 年从拉丁文 fractus（它形容破碎的、不规则的石头）新创"碎形"一词。碎形是极不规则的几何形态，恰与欧几里得几何形态相反。首先，碎形处处不规则。其次，碎形在所有尺度上都具有相同的不规则度。近观或远视一个碎形体时，看上去似乎别无二致——它是自相似的。而当你由远及近时，将发现整体的一小部分（它从一定距离看上去是不成形的斑点），变成轮廓分明的物体（其形态大致为以前看到的整体的形态）。

碎形的实例

大自然展示了众多碎形实例，如蕨类植物、花椰菜及其他许多植物都是碎形，因为每一分枝和枝条都酷似整体。这种小尺度特征转化为大尺度特征，乃是生长规则所控制的。碎形作品方面的一个著名数学模型，是谢尔宾斯基垫片（Sierpinski gasket[①]）。作一黑三角形（见图 19），等分为四个小三角形，去掉中心的第四个三角形，留下一个白三角形。每个新黑三角形边长均为原三角形的一半。对每个新三角形重复这一操作，在递减的尺度上你得到相同的结构，其细部较

---

① 谢尔宾斯基（W. Sierpinski, 1882—1969）为波兰数学家。

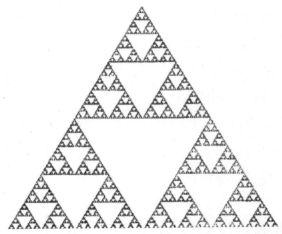

图 19　谢尔宾斯基垫片——分割三角形为渐次小的小角形从而产生的一个简单碎形。

前一步倍加精致。当物体的部分与整体完全相似时，称该物体为"线性自相似"（linerly self-similar）。

　　但是，最重要的碎形却有别于线性自相似性。有的碎形描述一般的无规性（randomness），有的则能刻画混沌的或非线性的系统（影响系统行为方面的因素与它们产生的效果不成正比）。下面我们各举一例。

　　自 1975 年起，我便和同事一道用电脑作图法来创造无规碎形，其中以海岸线、山川及云彩的仿造最为著称。其他的例子是电影（如《星际旅行》之二）制作的布景。我们从一些民俗格言和许多博物学着手进行有关碎形的模拟工作。有句格言说："云彩不是球面，山峰不是锥体，海岸线不是圆周，树皮亦不光滑，闪电并非直线行进。"所有这些自然结构都具有自相似的不规则形态。换句话说，我们发现逐次放大整体的一部分所呈现的进一步结构，几乎就是原结构的翻版。

维数概念随尺度而变化

博物学不外是收集自然界结构并加以分门别类。例如，当你不断提高测量一个国家海岸线的精度时，你必须把长度方面渐小的不规则性都考虑进去，所以海岸线变得愈来愈长。理查森[①]发现了描述这种增长的一个经验定律。

正如欧几里得几何学使用角度、长度、面积或曲率概念以及一维、二维或三维概念一样，为了把握碎形几何学的意义，我们必须寻求用数表示形态和复杂性的途径。就复杂几何体而言，通常的维数概念随尺度而变化。譬如，取一个用 1 毫米的细丝绕成直径为 10 厘米的球。从远处看，球为一点。从 10 厘米处看，丝球是三维的。在 10 毫米处，它为一团一维的细丝。在 0.1 毫米处，各细丝变成圆柱，整个丝球又成了三维几何体。在 0.01 毫米处，各圆柱分解为纤维，球再次变成一维的。如此等等，维数从一个值再三"跨越"到

碎形

---

① 理查森（L. F. Richardson, 1881—1953）为英国物理学家和心理学家。

另一个值。当球被表示为有限数量原子样的微粒时，它又变成零维的。对碎形来说，对应于我们熟悉的维数（0,1,2,3）的，叫"碎形维数"，其数值往往不是整数。

最简单的碎维变量是相似维 Ds。对于点、线、面或体，Ds 仅仅分别给出描述该物体所需的普通维数——0,1,2,3。那么，线性自相似的碎形曲线是怎么回事？这样的曲线可以分布在近乎光滑的、一维的线和几近充满的平面之间，即该线迂回弯转到几乎遍及该平面某区域每一角落的程度，差点达到二维，则相应的 Ds 值便有 $1 \leq Ds \leq 2$。因此，可认为 Ds 刻画了这条曲线的复杂性。亦即我们说 Ds 量度了碎形形态的复杂性或粗糙度。

简单碎维的另一例子是质量维。一维直棒的质量正比于长度 $2R$。（半径为 R 的）二维圆盘的质量正比于圆面积 πR^2。球体的质量正比于体积 $4\pi R^3 / 3$。故随着维数的逐步增加，质量正比于升高的 R 幂次（即维数）。

在碎形情形中，质量与 R 的 Dm 次方成正比，Dm 不是整数。可见 Dm 与往常维数扮演的是同样的角色，故自然而然命名为碎形维数。好在 Ds 和 Dm（以及别的碎维定义）在所有简单情况下，数值完全相同。

许多数学性质都呈自相似性

模拟工作的下一步是设想最简单的几何构型，它应具备生成该结构的恰当性质。实际上，我已搜集（并且不断扩充）一个大工具箱，用来建构碎形几何学。为了检验哪种数学工具合适，我们把模型的数值特性与实物——例如山的碎维——加以比较。然而这还不够。我们又用电脑绘图术来测试现有工具的性能。最后，我们希望由山岭的碎形模拟产生一个能描绘地球地势起伏的理论。

碎形既然已经确证可用于描述复杂的自然形态，所以在刻画复杂动力学系统性态方面碎形亦有作用就不足为奇。模拟流体涡流、天气或虫口（insect populations）动力学的方程都是非线性方程，表现出典型的决定论混沌行为。如果我们迭代（iterate）这些方程——求它们随时间演化的解——我们发现许多数学性质（尤其是如电脑绘图术显示的那样）都呈"自相似"。1989 年司徒华（I. Stewart）的文章①中介绍奇怪吸引子的"相图"（phase portraits）就是例证。

我对非线性碎形这一领域最有名的贡献被命名为"曼德勃罗集"（Mandelbrot set）。该集合由迭代比较简单的方程而形成。它产生异乎寻常、富蕴复杂性的图案。有人说它是非线性碎形几何学的象征。

曼德勃罗集不光产生美轮美奂的图像。如果我们非常谨慎分析这许多图像，我们将发现无数数学猜想。其中许多已经导致才华横溢的定理和证明。它还激起了利用电脑荧屏对数学进行一种全新探索。为数学新发现提供了不竭的泉源。

---

① 司徒华为英国当代著名数学家、数学科普作家，著述甚丰。

数学猜想一般发源于众人悉知的定理。近十年来，物理学或图形学对数学没有点滴输入，这说明某些纯数学领域如迭代理论（theory of iteration，如曼德勃罗集）气数将尽。幸好电脑上作出的碎形图像使之重现生机。交谈式影像为数学新发现提供了不竭的泉源。研究曼德勃罗集引出了许多表述简洁而难以证明的猜想。研究这些猜想已产生一大批有意义的相关成果。

当然，许多相近的碎形产生优美、动人的图案。现今以碎形著称的若干图形固然是前些年发现的。有些数学实体陆续在 1875—1925 年代里就出现在法国数学家如彭卡瑞、法都和朱里亚的研究中。但是没有人认识到它们作为形象化描述工具的重要性及其与现实世界物理学的关系。

树枝般令人目眩的复杂形态

随机碎形描述现实世界的一个模型，是一种叫做"扩散置限聚集"（diffusion limited aggregation; DLA）的随机生长形式（见图 20）。这使我们得出树枝般令人目眩的复杂形态。DLA 可用来模拟粉尘形成、岩石渗水、固体裂纹扩展和闪电等现象。

要看看 DLA 是怎么回事，取一很大的西洋棋盘，在中心部位放上"王后"（它不允许移动）。在棋盘边缘一随意起点放上"卒"（它允许在棋盘四个方向中的一个上移动），指令要求"卒"随机行走（即醉汉行走）。每一步的方向均从

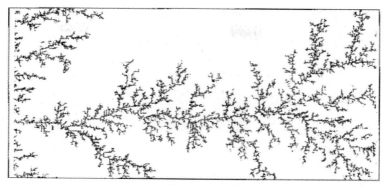

图20 一种叫做扩散置限聚集的随机碎形，产生模拟闪电和其他自然现象的树枝样形态。

四个相等的概率作出选择。当"卒"到达原初"王后"的相邻位置时，就摇身一变为新"王后"，不再移动。最终长成一个枝节错落、蛛网似的"王后"集，通称"威特恩桑德DLA集团"（Witten Sander DLA cluster）。

大规模的电脑模拟出人意料地证明，DLA集团是碎形（它们近乎自相似）。小块简直就是大块的缩影。但是集团与随机线性自相似性不一样，相信将来它们会引出有趣的课题。

这种碎形生长成的特别之处在于，它非常清晰地表明，变化平滑的参数如何产生粗糙的性态。为了说明这一点，我们根据静电势（electrostatic potential）理论来重述原初构造。设想一个大箱子（以制作DLA）被加上正电势，靶体（即原初"王后"）置于中央且电势为零。问箱子中其他地方的电势值是多少？

在中心物体的轮廓为光滑曲线或者有少量曲折（如三角形或正方形）的情况下，科学家久已知道如何计算电势。这种经典解析运算确定等势线。所有这些曲线都是光滑的，它们提供了固定的箱子与中心处固定物体的边界之间的渐变。下一步，假定边界含有针状凸出。围绕针凸的等势线很密，电势降较大，引起放电：针凸的作用好比避雷针。当中心物体是 DLA 集团时，其边界布满针凸，放电多半发生在最暴露的那些针凸上。

这样得到一个重要的新结果：DLA 机制等于假设针凸受电击以后展延或分叉。DLA 实验使我们认识到，当我们让边界随电势而变时，集团将生长成一个相当大的 DLA 结构。这意味着我们可以从产生等势线的方程那平滑特性创生粗糙的碎形。因此在这个意义上说，碎形几何学提出了新问题，开辟了新的研究领域。

涡流、生命和宇宙

碎形几何学同样正用于描述大自然中其他许多复杂现象。最多产的领域之一是涡动（turbulence motion）研究，不但研究它怎样发生——其动力学特性表示为相图时是碎形——而且研究涡流结构的复杂形态。结果船迹、喷泉和云彩证明都是碎形。这必定是由于流体运动方程——纳维尔－斯托克斯方程[①]——的作用所致。然而，与产生它的动力学特性有关

---

① 纳维尔（C. L. M. H. Navier, 1785—1836）是法国力学家和数学家；斯托克斯（G. G. Stokes, 1819—1903）是英国数学家和物理学家。

的形态问题仍有待阐明。揭示这一关系将是研究涡流的重要一步。

碎形为之提供适当描述的另一个领域是整个生命和宇宙，尽管碎形描述在极小和极大尺度上均告失败。树或动脉并非无止境地分枝下去，而且整棵树不是超树的组成部分。反之就宇宙中的星系分布而言，倒可能成立。星系计数确凿无疑地证明，在相当小的尺度上该分布是碎形。已知这些小尺度至少达 15—30 兆光年。有愈来愈可靠的证据表明，存在着尺寸远在三百兆光年以上的大空洞，正如碎形所预期的。

令人感受数学之美

碎形到底有多重要？就如混沌理论一样，肯定的回答为时尚早，但前景是美好的。许多碎形已产生不容忽视的文化影响，作为一种新型艺术作品已受到认同。有的作品是表现式的，有的则纯属虚构和抽象作品。无论数学家还是艺术家看到这种文化交融，都必定惊心动魄。

对于外行来说，碎形艺术就像魔术。但没有一个数学家会不去尝试了解其结构和意义。多数这些方程被视为纯粹数学，而对现实世界没有任何作用，其实具有尚未被揭示的可观性。如上所述，碎形的许多最显著、最活跃的应用在物理学领域，帮助解决了一些亘古常新的难题。

碎形图案一个令人欣慰的附带作用，是它们对青年人的吸引力，并且正在恢复人们对科学的兴趣而发挥影响力。人们相信，曼德勃罗集和其他碎形图案（目前出现在 T 恤衫和海报之上），将有助于使青年人感受到数学之美和说服力，以及它与现实世界的深刻关系。

夸克发迹
——1990 年诺贝尔物理奖

□ 刘源俊

1990 年的诺贝尔物理奖发给了美国麻省理工学院（MIT）的弗里德曼（J. Friedman）、肯德尔（H. Kendall）及斯坦福线型加速器中心（SLAC）的泰勒（R. Taylor）三人（见图21），因为他们三人于 1967—1973 年间，在斯坦福线型加速器中心所领导的一连串实验，显示质子是由更基本，叫做夸克的点状粒子所组成。诺贝尔委员会特别提到他们"使我们对物质的了解有所突破"。

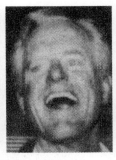

图21　左起为里德曼、肯德尔、泰勒

　　他们三人及合作者在 1969 年 8 月间，连投了两篇论文到《物理评论通讯》（Physical Review Letters），描述实验结果符合标肯（J. D. Bjorken）的理论预测。论文之一的标题是《高度非弹性电子—质子散射所观察到的行为》，这一研究领域后来被称为"深层非弹性散射"。当年，他们的年龄分别是 39 岁、42 岁及 39 岁。夸克模型是在 1964 年首先为盖尔曼（M. GellMann）及茨威格（G. Zweig）所提出，盖尔曼并早于 1969 年为此得到诺贝尔物理奖。

　　从物理发展史看，他们三人的实验（以下简称 SLAC-MIT 实验）其实可以和 1911 年卢瑟福的 α 粒子散射相提并论。当时卢瑟福用 α 粒子束对（金）原子作弹性散射，结果发现原子中心有个质量集中的带电的"核"。他们三人则利用高能量的电子束对氢原子核（质子）或气原子核（包含质子及中子）作非弹性散射，结果发现，必须把质子或中子视为由更小的点状粒子所组成。所不同的是：卢瑟福当年自己做实验，自己又提出理论模型而他们三位及合作者是利用斯坦福加速器做实验，至于理论模型则应归功于标肯及费曼（R. Feynman）。这显示，物理的发展已从当年的单打独斗，改变为今日分工合作的形态。

电子的大角度非弹性散射

　　说到斯坦福直线加速器中心—麻省理工大学（SLAC-MIT）的实验，现在当然大家已公认其重要性，但在起初则曾被认为是在浪费加速器时间。当斯坦福线型加速器于1966年落成之初，这三千米长的电子加速器主要是用来研究电子与质子的弹性散射。换句话说，多数人只测量被质子弹出的电子。三位诺贝尔奖得主所测量的则是打出来的其他种粒子。早先一般认为，非弹性散射所打出来的各式各样东西太复杂了，恐怕并不能对质子的结构有所澄清。

　　这三位物理学家自1967年开始，在加速器末端的"A站"装置了侦测器。把能量高达220亿电子伏特（22 GeV）的电子束，射到液态氢的"靶"上，测量电子被质子所散射出来的新粒子（主要是派子）。

　　稍早的一些弹性散射实验显示，质子的电荷是散布在一大约直径10—15米的面积上，而大家相信高能量的电子只会发生小幅度的偏折。

　　当时虽然已有夸克模型，认为质子是由三个夸克组成的，但是物理界普遍相信，那只是一种数学结构，未必有实质意义。然而到了1968年，弗里德曼等三位物理学家获得

夸克发迹

63

了令人惊诧的发现，因为实验显示，高能电子竟然很容易在质子内部发生大角度的偏折。显然，质子里有些质量密集的东西在。

这使我们不禁回忆到，在卢瑟福做 α 粒子散射实验之前，人们也是把原子想象为正电荷散布在一个大约直径 10^{-10} 米的面积上的东西，而其中嵌以电子。这样一种东西面对 α 粒子是应该不会造成大角度散射的。然而卢瑟福很惊异地发现，有许多 α 粒子竟然反向弹回，这当然表示原子里有质量密集的结构。

图 22　斯坦福加速器中心末端的 A 站

标肯的先见，费曼的洞察

如何理解新的电子非弹性散射的结果呢？早在 1967 年，斯坦福大学的理论物理学家标肯教授，就提出一个有关电子—质子高能散射的"截面"的公式，其中包括一个重要观念，叫做"可换标性"（scaling）。这意思是说，若把电子能量的改变量叫做v，把电子的"能量—动量四维向量"的改变量的大小平方，叫做q^2（与横向动量改变有关），则当v与q^2都很大时，质子的"结构函数"应该只与v与q^2比值（v/q^2）有关。这里的"标"即是"尺度"之意。用简单一点的话来说：当能量增大，电子对质子的非弹性散射里，横向动量的改变也趋于增加，大角度散射就多了起来。

　　SLAC-MIT 实验显示，标肯的可换标性理论基本上是对的。然而他的理论牵涉极抽象的"流量代数"（current algebra），泰勒就说"我们不懂"。1968 年夏天，著名物理学家费曼（R. P. Feynman，1918—1988）造访斯坦福大学，得知了他们的实验结果，实验者希望他能给出一个更直觉的解释。

　　费曼思考了一个晚上，提出了"部分子模型"[①]（parton model）来对标肯可换标性作一诠释。他的大意是将质子看成是由许多小的点状粒子的组合，高能电子对质子的散射因而可视为其与带电的"部分子"的弹性碰撞。在点粒子对点粒子的弹性碰撞中，v与q^2是相关的。

　　费曼经过一简单的计算，就得到 $q^2/v = 2Mx$。其中 M是质子的质量，而 x 是与电子碰撞的部分子，在质子内所带动量与质子整体动量的比值。他并以此为起点，推导出标肯

---

① 根据电子对核子的深度非弹性散射实验所提出的描述高能碰撞的强子结构模型。

图 23 费曼于 1968 年 8 月第一次在 SLAC 解释部分子模型的情景。

的可换标性。

后人进一步研究，发现费曼的部分子其实就是葛尔曼 1964 年所提出的夸克。首先，根据 SLAC-MIT 实验，部分子是带 1/2 单位自旋的费米子（fermion），这点与夸克相符。后来，在其他的实验室里，微中子对质子的散射也显示相似的结果。又后，在比较 SLAC 的实验及其他在欧洲原子核研究中心（CERN）和费米实验室（Fermilab）等的实验后，物理学家能测量出部分子所带的电荷，与夸克相同（±e/3 或±2e/3）。

但费曼的部分子模型实际上超越了葛尔曼的夸克模型。在葛尔曼的夸克模型里，质子只是三个夸克（u、u、d）构成；在部分子模型里，质子是由三个实质夸克（physical quarks）与无数个作为"海"的虚夸克（virtual quarks）所构成。至于为何夸克在强交互作用之下，在质子里能表现出不受缚的现象（因而有弹性碰撞）呢？后来人们在量子色动力学（QCD）中发现"渐近不受缚性"（asymptotic freedom），可说明这点（注：2004 的诺贝尔奖颁给了这一理论）。就是说，在质子尺度以下的小距离内，夸克趋于不受缚（但若要将夸克从质子取出，则受到强力束缚而不行，因而我们不能发现单独存在的夸克）。

SLAC-MIT 的实验使物理学界不再将夸克视为完全抽象的粒子，而有了具体的想法，这也就促进了后来一连串的实验与理论的进展。如今粒子物理学里有所谓"标准模型"，认为我们的大千世界其实是由六种"夸克"与六种"轻子"所构成，其间的交互作用则有三类"规范场粒子"作为媒介。

有了机器才有实验

这次得奖的三位物理学家都不约而同地归功于潘诺夫斯基（W. K. H. Panofsky），因为他是斯坦福线型加速器的建造人，也是当时的负责人。SLAC-MIT 的实验之所以在 1968 年受到物理学界的重视，也是由于潘诺夫斯基在维也纳一场国际会议上，指出了电子散射结果的重要性。

泰勒说："他是我的老师与指导人，他是个绝对超级的物理学家。可惜他们不给他诺贝尔奖——他创造了个真正伟大的实验机器。"

但是潘诺夫斯基却谦虚地表示："泰勒等三位真是该得到诺贝尔奖。机器对他们的工作自然是必要的，但是这一机器并没被设计来预期产生那些结果。"

迄今，最重要的有关粒子物理的实验发现，都已得到诺贝尔奖了。得奖有迟早的差别：例如丁肇中及芮克特在发现 J/ψ粒子的第二年就得奖；卢比亚与范德密尔在发现 W 及 Z 粒子不久后便得奖；但十几年前雷德曼等人因发现第二种微中子得奖，距离实验发表的那年有二十几年之久；1900 年三位物理学家得奖，也距离实验发表有四十三年之久。下一次轮到高能物理学家得奖，必是由于发现"顶夸克"或电弱交互作用的希格斯粒子了。

相对论的先驱之一
——麦克森

□ 陈志忠

　　对于相对论、近代物理学、天文物理学、光谱学及光学实验技术等学术领域而言，麦克森（A. A. Michelson）都可说是一位划时代的大师。

　　1852 年 12 月 19 日，麦克森出生于波兰华沙东方约 250 千米的小镇史翠诺（Strzelno）。他的父亲是一位犹太商人，母亲是一个政治家的女儿。当麦克森三岁时，他的双亲决定移民美国。1855 年底全家渡海抵达纽约，再横越北美大陆定居于西海岸加州的小城莫菲（Murphys）镇。稍长，麦克森先后毕业于旧金山的林肯初中及青年高中（Boy's High School）等学校。

1869 年，麦克森进入马里兰州安那波利斯的海军学院（Naval Academy）就读。1873 年，毕业后进入海军，先后在五艘不同的军舰服役。1875 年，回海军学院担任物理与化学讲师。他在当学生的时候就对光学与声学表现相当高的才华。担任教席后集中心力开始进行光速和以太测定实验。

1880—1882 年，麦克森到欧洲当时全世界的物理学中心，先后与著名的科学家共同研究，如柏林大学的亥姆霍兹（Helmhotz, 1880），海德堡大学的本生与昆克（Bunsen & Quincke, 1881），巴黎的柯努与李普曼（Cornu & Lipmann, 1882）等。后来他们彼此都成为终生的好朋友。

1882 年，麦克森应聘到俄亥俄州克利夫兰的凯斯（Case）应用科学学院，成为该院物理教授。1892 年，应聘于芝加哥大学，直到 1931 年 5 月 9 日逝世前为止，他一直都是该校物理系的教授。他的贡献可概括为光速的测定、以太的测定及其他诸如制订国际标准米等。

光速的精密测定对于相对论的建立十分重要

1877 年，麦克森开始做光速测定实验。在此之前，最精密的光速量测值是 1862 年法国物理学家福柯（J.L.Foucault）的每秒 298,000±500 千米。福柯的实验装置如图 24，光线由 S 光源出发，经旋转平面镜 M_1 反射，到凹面镜 M_2 再循原路

物理新论

反射回来。因 M_1 在旋转，所以反射回来的光线经 M_2 再反射一次，并不回到 S，而跑到另一方向 S'，二者之夹角为 α。得知 α、M_1 之转速及 M_1 与 M_2 二镜间之距离（基准线），就可计算得到光速。

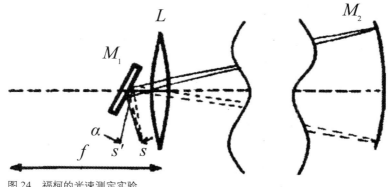

图 24　福柯的光速测定实验

　　麦克森将福柯的实验稍做改进如图 25，把凹面镜 M_2 改为平面镜；把凸透镜 L 之焦距加长，并把 M_1 放在 L 之焦点

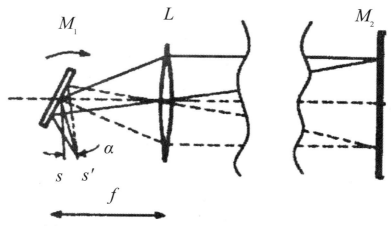

图 25　麦克森的光速测定实验

附近，可得到近似平行的折射光线；取代福柯实验中 M_1 比较靠近 L 而得到稍微发散的不平行光。如此基准线就可以加长而提高实验数据的准确度。1879 年，麦克森使用焦距为 46 米的凸透镜与 610 米的基准线，量测得到的光速是每秒 299,910±50 千米。在 1877—1879 年间，麦克森实验的地点位于海军学院内沿着塞汶河的旧河堤边。由于地理变迁，如今该河堤距河岸已很远。

麦克森到圣路易，在美国科学促进会（AAAS）发表实验成果，并刊登论文于《美国科学》期刊上。一夕之间，年轻的麦克森名跃世界顶尖实验科学家的行列。著名天文学家纽康布（S. Newcomb），当时担任华盛顿美国海军天文台航海年鉴局局长，立刻邀请他合作继续进行光速测定实验，因纽康布作光速测定实验也已有一段时间。麦克森于是有较充裕的经费并获得可互相切磋的同好。他们二人的旋转平面镜实验地点，从今天的艺术表演厅甘乃迪中心的楼上，可以看得一清二楚：旋转平面镜是位在旧海军医院，光线由该处出发射向固定平面镜。他们使用过二条不同的基准线以固定平面镜的位置：一为位在其东南方的华盛顿纪念碑，另一为在其西南方的 Fort Meyer。

1880 年起他和凯斯学院的艾森曼（J. M. Eisenmann）教授，也是该校建筑及土木系主任，一同改进旋转平面镜的光速测定实验。实验地点是在凯斯学院校园后面沿着旧铁路轨道，在当时很平直适于当作实验基准线。他们测得光速每秒为 299,853±60 千米。此纪录保持了四十多年，直到 1926 年。

他在凯斯学院也量测在流动的水中及在二硫化碳中的光速〔1886 年与莫莱（Morley）合作〕，实验结果支持了光的波动理论、瑞里（Rayleigh）所提关于波动与散射介质中之群速（group velocity）关系的理论及菲涅耳（Fresnel）的以太理论。

从 1925—1927 年，他到加州的威尔逊山天文台，以从威尔逊山到圣安东尼欧山山顶的距离（35.4 千米）为基准线，测得更准确的光速每秒 299,796±4 千米。之后，在圣塔安那的一个山庄做实验，以抽成低真空的管子当光路测光速。但由于健康退化，一直到他逝世为止，这实验尚未做完。

麦克森几乎耗尽一生心血不断改进光速测定实验，实验总次数累计超过 1700 次。

光速的精密测定对于相对论的建立十分重要，因为狭义相对论的一项基本假设是：在真空中传递之光速，是自然界一个不变的常数，与任何坐标系统本身的直线运动速度无关。

果真有以太这种物质吗

1880 年左右，麦克森发明干涉仪〔后来公称为麦克森干涉仪（见图 26）〕。他利用干涉仪精密的测距能力，设计实验，试图解开当时物理学界正在争论不休的"以太"（ether）是否存在的问题。依照以太理论，光是一种波动，波动之传

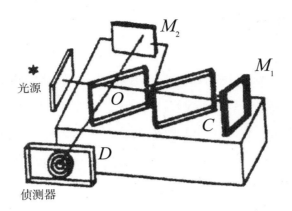

光源

M_2

M_1

O

C

D

侦测器

C: 补偿镜片

O: 分光镜片

图 26　麦克森干涉仪

递需要介质，以太这一假想物质就是光的介质。凡是光可通行无阻之处，包括真空及任何透明物质（透明及半透明的气体、液体及固体）在内，都应充满以太。但是问题来了：若依波动理论来计算，由于光速很大，以太的弹性系数必须大得超乎想象。果真有"以太"这种物质吗？

　　1880 年，他在柏林大学亥姆霍兹的实验室内，根据史密特（Schmidt）及赫恩诗（Haensch）的设备加以改进，进行首次实验。但由于地面振动影响，实验结果并不可信。同一年又到波茨坦天文台做实验，也没有得到满意的结果。

　　1887 年麦克森在凯斯学院与化学教授莫莱（E. W. Morley）一同进行以太飘移（ether drift）实验，这就是著名的麦克森—莫莱实验（见图 27）。假设以太存在并静止不动，而地球在静止的以太中运动。则当干涉仪的两臂长度 L_1、L_2

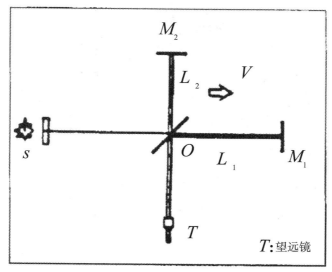

图 27　以太飘移实验原理

相等，光线行经两臂的时间会因地球公转速度（V）而有差异。将干涉仪旋转 90°，则两臂位置对调，干涉条纹也会跟着变动。如图 28 所示，实验设施安置在大石块上，为了避震，让石块浮在大水银槽上面（见图 28）。再让光线作多次反射，使两臂长度都是 11 米（在欧洲的实验，长度是 1 米）。他们预估干涉条纹变动约 0.4 条，应很容易观测到。他们在一年之内的不同季节、日期及时辰分别观测，结果除了很小的实验误差之外，并未测到预期的条纹变动。以太理论于是开始遭受质疑。他们及其他许多人后来以更精密的仪器反复实验，结果也都相似。1900 年，莫莱与米勒（D. C. Miller）装设更大的干涉仪，预估干涉条纹变动约 2 条，但实验量测值不及预估值的 1 / 80。

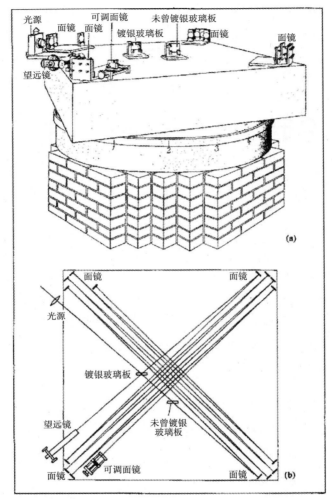

图 28　以太测定的装置 (a) 安置实验设施的石块浮在大水银槽上 (b)
　　　　使光线作多次反射以增大两臂之长度。

　　1892 年到芝加哥大学后，他继续探讨以太存在的另一
个问题：假设以太存在及假设以太静止不动，但地球会携带

以太一起运动，则地球运动的影响对以太的牵引（drag）效应，是否随着海拔愈高而影响愈小？

他于是在 Ryerson 实验室造了一座长 60 米、高 15 米的大型干涉仪。为考虑地球自转及公转运动速度的影响，实验安排连续观测五天，每天在不同时辰观测四次。他预测一天内干涉条纹变动大于 7 条，实验值却不到 1/20 条。

1923—1925 年，著名的麦克森—格尔—皮尔逊（Michelson-Gale-Pearson）实验在芝加哥西南方的 Clearing 草原上进行，使用长 613 米、宽 339 米的大型干涉仪，光的通路为直径 30 厘米、抽成半真空的管子。预测地球运动的影响会造成 0.23 条干涉条纹变动。实验量测值亦接近 0.23 条，与菲涅耳的静止以太理论预测值相符，但也与狭义相对论及广义相对论的预测值相符，故此实验无法为以太是否存在下结论。

1926 年，麦克森及米勒在加州威尔逊山天文台，先后又装设两部大型干涉仪，再作以太飘移实验。因该处海拔很高，预想地球运动的影响可减到最小。结果量测值不及预估值的 1/50，仍找不到以太存在的证据。

以太测定实验与光速测定实验一样，几乎陪着麦克森度过一生。

以太不存在的实验结果，证明光的传递不需要介质。此结论也成为相对论的重要基石之一。

其他主要贡献

麦克森利用干涉仪等仪器，先后完成许多其他重要的贡献。如下：

1889 年之后数年间，麦克森在克拉克大学以及随后被邀请到法国巴黎附近 Severes 的度量衡标准局，利用干涉仪进行国际标准米之标准化。1893 年他选择镉蒸汽之红色光谱线的波长（在 15℃，一大气压之下波长为 6438.4nm），来重新制订国际标准米。由于镉光谱线之时间同调性（temporal coherence）不高，无法将干涉仪的一个平面镜平移达一米作测定，更无法将干涉条纹之变动计数至一百多万条，但精密度要求却很高，量测工作困难之至。但他设计、制作出特殊的光学精密长度规（Etalon），与干涉仪并用，使干涉条纹变动只需数至 2000 条，简化量测手续而解决了问题。（到 1960 年改用氪之橘红色光谱线波长当国际标准米的标准。）

他利用干涉仪来改进光谱仪，再利用光谱仪发现并测定原子及分子光谱中的精密结构及超精密结构，对光谱学、量子力学、原子及分子物理学等有深远的影响。

利用光谱线的时间同调性及杨氏（Young）干涉实验原理，他发明天体干涉仪，可以测恒星直径。1920 年 12 月，他使用口径超过 6 米的大型天文望远镜，首次测得猎户星座中第二亮的红巨星参宿四的直径为 320,000,000 千米（相当于火星的公转直径）。天体干涉仪当然也可以测宇宙远方银河系的直径，更可以测大星团内之恒星的直径。对天文学及天文物理学有很深远的影响。

他在芝加哥大学，花了十五年工夫去设计并改进绕射光栅的刻画制作技术，于 1915 年制作出条纹密度达每毫米 585 条之绕射光栅，为当时的最高纪录。他也深入研究光的绕射理论，将这些研究列入 1927 年出版的《光学研究》（Studies in Optics）一书中。

此外，他做过光的绕射实验。其中一项是关于长方形狭缝的合成全像片法：制作了一块对应于长方形狭缝所产生的绕射图案的相位板（phase plate）或全像片（hologram），它是一片对应绕射图案（为一连串宽度不相等的长方图形系列）的蚀刻板，各长方图形分别引入半波长之相位差，则此全像片的绕射图案十分近似于原来的长方形。所以，麦克森也是现代全像光学技术的先锋之一。

麦克森的实验为狭义相对论做了铺路工作

麦克森一生得过不少奖誉，其中之最高殊荣当推 1907 年的诺贝尔物理奖，是第一位得到此奖的美国人。但得奖理由主要是因国际标准米的制订，而不是光速测定或以太飘移实验。瑞典皇家科学院给他的得奖评语是：他对光学仪器、光谱学及精密测距等的研究贡献卓越。

激光发明之后，1964 年，Jaseja 等人利用两支红外线激光为光源，使二者叠加产生拍频（beat）来作以太飘移实验。结果在仪器精密度达 1/1000 以内，依然测不到预估之频移值，再一次证实以太不存在的观点。

物理学发展到 19 世纪末，尤其在 1865 年麦克斯韦提出著名的电磁方程式后，大家普遍很乐观，认为基本原则性的理论都已解决，以后只需在细节上修正和补充并改进实验技术，以提高实验数据的准确度即可。但在麦克森等人一连串实验的面前，以牛顿力学及电磁理论为支柱的古典物理学，却面临严重的考验与挑战。

麦克森曾对理论物理极感兴趣。他与洛伦兹（Lorentz）、费次吉拉德（Fitzgerald）、拉莫尔（Larmor）、彭卡瑞（Poincar'e）等物理大师们，在理论方面有过长期的讨论，但在 1903 年之后就失去兴趣，转而专注于实验。他的贡献，大大超越实验的范畴，对于洛伦兹等人以及明可夫斯基（Minkovski）、爱因斯坦等人理论物理的推展具有绝对重要的影响，终于使得爱因斯坦于 1905 年提出狭义相对论及 1916 年提出广义相对论和重力时空理论。

他是爱因斯坦最崇敬的实验科学家。但他对爱因斯坦的观点却似乎一直不以为然。在 1931 年麦克森逝世之前不久，他们二人终于见面并成为好朋友。虽然爱因斯坦对他一直推崇备至，但麦克森却仍在嘀咕怎么他的实验竟会和相对论这一"怪物"的诞生扯上关系而引以为憾！

1931 年，爱因斯坦说：麦克森的实验为狭义相对论的发展做了铺路工作。缺乏实验证据，理论只算是臆想。有了实验证据，相对论才拥有坚实的根基。

电子发现一百周年

□ 倪简白

1997 年是电子发现的一百年，这百年间由电子的发现到其应用，标志着一个新的时代的展开。由汤姆生（J. J. Thomson, 1856—1940）的工作所引起的革命，不仅改变了科学家对微观世界的认识，它也促进了一个新的工业与文明的开展，使现代人无时不受电子技术的影响与支配。但一百多年前电子的发现却是非常曲折离奇：这何处不在的微小粒子当初也是很难捕捉的，它曾从好几个世界顶尖实验物理学家的手中溜走，只有汤姆生这位"不擅用手"的实验家向世人揭露它的真面目。本文即想介绍当年电子发现的一段故事。

汤姆生的身世

　　汤姆生（图29）于 1856 年生于英国曼彻斯特附近一小城"奇善"（Cheetham）。家庭小康，父亲是一书商，家庭背景与科学没什么太大关联。幼年时，汤姆生的父母亲希望他成为工程师，在那时代（英维多利亚时代），对一个还算聪

图29　汤姆生在 1892 年时的画像。据汤姆生回忆录，这是他当年要
　　去耶鲁大学讲学上船前四十五分钟完成的（通常要好几周），但这是
　　汤姆生最喜欢的画像。

明的小孩是一项不错的职业，所以童年时，父母即将他送往一火车厂当学徒，但是由于申请人众多，必须等很久，所以就暂时送他去欧文斯学院就读，此时他 14 岁。欧文斯学院其实是一所大学，在 1880 年后就成为曼彻斯特大学了，在这所学校也有一些名师，例如雷诺（Reynolds，流体力学家）、舒斯特（Schuster）、坡印亭（Poynting，物理学家）。在当时，像汤姆生这么小就入学的例子算是很少的，他接受了此地良好的训练，也努力学习，为将来的物理生涯奠定了基础。

不幸汤姆生的父亲在他 16 岁时去世。虽然汤姆生获得了工程学的证书，但他此时无法付得起去火车厂当学徒的学费，只得转修物理与数学。他因此向剑桥三一学院申请奖学金，第一次申请并未获准，但第二年他终于得到了一份每年 75 英镑的奖学金，在 1876 年他进入剑桥开始新的生涯。

剑桥的日子

一百年前剑桥的教育甚为偏重数学，学制中有一个为期三年的优等生制度，在此制度下的学生，毕业前要通过一场极艰难的考试。汤姆生进入剑桥后即选择此荣誉制度，为三年后一场大考而努力。对汤姆生而言，这个考试是一非常艰困而不安的经验。

一般学生除花三年来准备考试外，尚须找一位名师来特别指点。汤姆生的老师鲁斯（Routh），在物理数学界颇有名气。他一生教出 27 名状元，而且有 24 年连续是他学生得到的。鲁斯向每一个学生收 36 英镑，这对汤姆生是一大负担，但他还是认为值得。汤姆生在 1880 年的为期九天的考试中荣获第二。第一名的拉莫（Larmor）后来在剑桥担任数学讲座教授，曾因电子在磁场中运动理论而成名。汤姆生的优异成绩对他在剑桥的生涯很有帮助，他毕业时即提出研究能量转换的计划，且申请到一份奖学金。当时焦耳（J. P. Joulez, 1819—1889）已提出热功当量原理，以及能量守恒的观念。当汤姆生幼年时，曾由他父亲引见，而认识焦耳。由于他优良的数学底子，在第一份研究计划中，汤姆生利用力学的观点去解释各种能量的形式。

此时在法国的勒沙特列（H. L. Le Chatelier, 1850—1936）也正进行相同的工作。现在我们所熟知的勒沙特列原理，说系统在平衡状态下的改变是朝着减少此改变方向进行。二人的结果其实是几乎同时发表的，但汤姆生的成果并未受到重视。

此时在剑桥人们习惯以 J. J. 来称呼汤姆生。他的实验其实做得并不出色，但是他有一种能力使他并不需要亲自动手就能了解复杂仪器的工作原理，这使许多实验家印象深刻。

剑桥在 1871 年时设立了卡文迪西实验室（Cavendish Laboratory），也因此有了一位实验物理教授。第一任卡文迪西教授是麦克斯韦（J. C. Maxwell）。那时在卡文迪西进行的实验包括精密测定欧姆定律，验证电荷间的吸引力与距离平方成反比关系，双轴晶粒的光学，光谱学等研究。麦克斯韦在1879年突然过世，由瑞利公爵（Lord Rayleigh，本名约翰·史脱特）担任第二任教授。但瑞利对这一职位并不在意，五年后他就辞去了教授职位。出乎大家意料之外，汤姆生被选为第三任卡文迪西教授，此时，他年方28岁，以他优异的数学著称。当时有好几位比他年长而实验做得更好的学者，他之所以被选为教授只能说剑桥大学有知人之明，能洞烛先机了。

电子的发现

1895年剑桥大学施行了一个开放的政策，允许他校及外国学生来此攻读学位。随之而来的优秀学生有郎之万（Langevin，法国）、拉瑟福（Rutherford，新西兰）、汤森（Townsend，爱尔兰）等人，另外还有各地来的访问学者。汤姆生此时开始对气体导电进行研究。更早克鲁克斯（Crookes）、法拉第

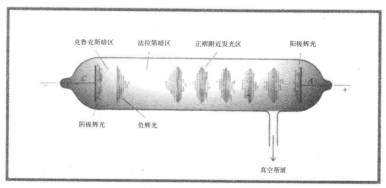

图30　放电管中各类辉光现象

已经对此问题进行了相当深入的研究。当时已知当玻璃管加上电极并抽成真空时，气体即开始发光（图 30）。在电极间存在不同颜色的发光区域如图 30 所示，当压力再下降时，可以发现阴极射出一种射线使钠玻璃发出绿光。克鲁克斯（Crookes）、勒纳（P. Leorard）等人还证明在管中放入不同的矿物或玻璃受阴极射线照射下会发出不同的光，他们又在管中放入一支十字架，而后面玻璃的荧光就会出现十字架的阴影，可见阴极射线是被阻挡住了。

对于这种自阴极射出的东西，当时有两种看法。一种认为它是以太（ether）的波动，另一派的人则认为它是粒子。赫兹（Hertz）是当时德国最有名的物理家，他更早（1883）曾进行一系列实验以测试阴极射线是否被电场偏转，他的结果显示阴极射线不被电板偏转，因此德国的物理学家比较支持以太波的说法。有一发现似乎支持粒子说，那就是前述玻璃荧光会被磁场偏转，但是这也可由带有偏振性的以太波动来说明。

此时一个著名的实验是勒纳做的。他用 1/1000 英寸左右的铝薄片封住放电管的一端，并发现阴极射线可射出放电管外到空气之中，而且可以在管外被磁场偏转。勒纳发现射线的偏转与管内气体种类及压力无关。他又继续测量射线在管外的穿透率，在空气中约半厘米左右。但空气分子在一大气压只能行进约 5—10cm（平均自由路径），这显示阴极射线如果是粒子的话，必定比空气分子小很多。

佩兰（Jean Perrin）于 1895 年时进行更进一步的实验。他在放电管内放入一小金属桶，而阴极射线能使它带负电。当外加磁场使阴极射线偏转时，金属桶就不带电了。这实验支持粒子的说法，但当时总是没人看到射线在电场下的偏转。其中有一原因是放电甚难控制，因此粒子说并未得到广泛的支持。

1895 年时，另一重要的发现是伦琴的 X 射线。汤姆生很快地复制了一台 X 射线机器，他也发现 X 射线能游离气体，使气体放电实验易于控制。利用 X 射线，汤姆生对阴极射线的性质归纳出一些结论：X 射线能制造出一种带电粒子使气体导电。汤姆生在回忆中提起，X 射线使气体成为"气态电解液"。而对液态电解的研究，在那时已知道它是带电的氢离子造成，当时对氢离子的电荷与质量比（e/m）已可量出。但是由于认为原子是物质的最基本结构，比原子更小的粒子的存在是不被接受的。

汤姆生继续从事赫兹的实验，在一开始也是没有突破，射线不受电场所影响。但他很快了解到放电管中残余气体可能是问题的来源。当射线通过时，气体被游离成正负离子，它们分别被电极吸引。而正负离子此时造成的电场屏蔽了电极的电场，因此阴极射线感受不到任何电力。为了解决困难，必须要设法达到高真空，而那时的真空技术尚处于萌芽阶段。汤姆生也了解管壁和金属表面的吸附气体会在放电中释放出来，但是如果不装入新鲜气体，而又夜以继日地抽气与放电，是可以去除这些残余气体的。于是阴极射线被电板偏向的实验终于获得成功，证明它可被磁场偏转也被电场偏转。确定了它是负电粒子后，下一步便是要进行 e/m 之测量。

　　当时有一些卓越的实验家已知阴极射线的 e/m 值比电解液中值小很多。但是如果光用磁场偏转，就只能量到 e/mv，其中 v 为速度，大部分实验家无法定出 v（速度），因此 e/m 就包含了一个不定量。但如果放电管中同时加入垂直的电场与磁场（如图 31 所示），电场将射线偏上而磁场偏下。当它们互相抵消而使电子无偏转时，电子的速度 v 即可定出（等于 E/B）。此时若将磁场关掉，电子轨道将偏离。量出此距离，就得到 e/m 了。

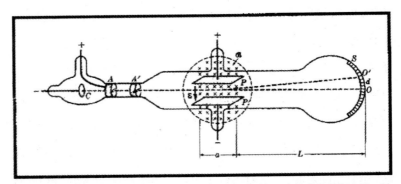

图31　汤姆生测量 e/m 之装置。图中ε为电场，B 为磁场，当只有电场存在时，射线偏转到 O'。再加上磁场，调节其强度以平衡电力，使射线抵达 O，此时射线速度 $v = E/B$

　　汤姆生对各种不同气体的放电管进行实验——包括空气、氢、二氧化碳等，发现e/m值多在 $0.7×10^{11}$ 库伦/千克（现在的值是 $1.76×10^{11}$），而射线的速度从 10^5—10^7 米/秒。

物理新论

在电解液中氢离子的 e/m 值为 108，和汤姆生所得的阴极射线 e/m 值的 $0.7×10^{11}$ 差一千倍。这些实验证明阴极射线不是原子或分子的负离子，而是比它们质量更小的粒子。汤姆生于 1897 年 4 月 30 日宣布这些微粒的存在，阴极射线粒子很快地被称为电子。接着他又对光电效应的电子进行测量，发现它们也有相同的 e/m 值，汤姆生因此证明它们是同一种物质。他在 1906 年获诺贝尔奖。

随后的工作是测量电荷值 e，这些实验也在卡文迪西实验室展开。这方面威尔逊（C. T. R. Wilson）制造了云雾室，观察电子可使潮湿的空气凝结成水滴（类似雨的形成），并观测水滴的运动。汤姆生利用史托克斯（Stokes）黏滞流体的理论以及所观测水滴在云中（人造的）的下降速度推出电荷之值，更精确的值要待美国的密立根才决定。但是电子作为一种基本粒子，而且可自原子再分出来的概念，深远地影响近代物理的发展。1910 年汤姆生提出原子模型。在此模型中（即所熟知的葡萄干面包模型）原子是由电子按特定方式排在带正电的球中。当时不知道有原子核，原子核的观念要再等一两年后拉瑟福的α粒子散射（1909）及波尔的理论（1913）出现后才奠定下来。

对于电子的研究在 20 世纪初期比较重要的是证明电子波动的性质。也是在卡文迪西实验室，汤姆生的儿子（G. P. Thomsom）于 1927 到 1928 年间将电子穿射金属薄膜，测到绕射花纹。同时，在美国也有戴维生（C. J. Davisson）

电子发现一百周年

及葛墨（L. H. Germa），在贝尔电话公司实验室利用镍单晶也得到电子的绕射花纹。这两个实验与德布洛依（de Broglie）物质波的理论吻合，并在 1937 年获诺贝尔奖。人们因此说汤姆生的获奖是证明电子是粒子，而他的儿子获奖是证明电子是波。

后续的工作

汤姆生担任卡文迪西教授及所长直到 1919 年，剑桥在这一段日子又做出许多杰出的研究成果，汤姆生此时对研究阳极射线感兴趣。顾名思义这是带正电的离子，这项工作由阿斯通（Aston）接手过来，阿斯通发明了质谱仪，而用它找到许多原子的同位素，在 1922 年获得诺贝尔化学奖。威尔逊（也是他的学生）在 1927 年因云雾室得诺贝尔物理奖（与康普顿同时）。汤姆生的学生中至少有七人曾获诺贝尔奖，在他担任所长兼教授的二十多年间，卡文迪西实验成为世上顶尖的物理研究中心，在近代物理的发展史上具有举足轻重的地位。

虽然汤姆生在物理上的成就很大，但他却是一平实而且不矫揉造作的人。他爱护学生，在剑桥三一学院担任监护与导师之职，直到他逝世为止（1940）。他的私生活甚为平淡，除了工作外，他喜爱园艺。留有子女各一，儿子（G. P. Thomson）前已述及，也成为一代物理学家。

X 射线的发现
——谈科学家追根究底的精神

□ 郭奕玲　沈慧君

　　约在一个世纪前，有一样轰动世界、影响世人甚深的新发现，那就是伦琴所发现并解释的 X 射线。每一件重大发现事件，其背后无非是隐藏着科学家追根究底的无限伟大精神。

X 射线的简介

　　X 射线，也叫伦琴射线，平常称 "X 光"，是一种波长很短的电磁波，它有广泛的用途。大家最熟悉的就是用于人体透视，在科学研究中，则可用于金属探测、晶体结构分析等。X射线可用高速电子束轰击阴极射线管而获得，它能穿透纸张、木材甚至金属薄片，使荧光物质发光，照相乳胶感光，也能使气体电离。

X射线的发现经过

1901年，首届诺贝尔物理奖授予德国物理学家伦琴（W. K.Röntgen,1845—1923），以表彰他在1895年发现了X射线。

1895年，物理学有了相当的发展，它的几个主要部门——牛顿力学、热力学和分子运动论、电磁学和光学，都已经建立了完整的理论，在应用上也取得了硕大成果。这时物理学家普遍认为，物理学已经发展到顶点，以后的任务无非是在细节上作些补充和修正而已，没有太多的事好做了。

正由于X射线的发现，才唤醒了沉睡的物理学界。它像一声春雷，引发了一系列后来的重大发现，把人们的注意力引向更深入、更广阔的天地，从而揭开了现代物理学革命的序幕。

伦琴在发现X射线时，已经是50岁的人了。当时他已担任维尔茨堡（Würzburg）大学校长和该校物理研究所所长，是一位造诣很深，有丰硕研究成果的物理学教授。在这之前，他已经发表了48篇科学论文，其中包括热电、压电、电解质的电磁现象（由此发现了伦琴电流）、介电常数、物性学以及晶体方面的研究。他治学严谨、观察细致、实验技巧熟练，实验过程亲自操作，甚少假他人之手。作结论时谨慎周密，特别是他的正直、谦逊的态度，专心致志于科学工作的精神，深受同行和学生们的敬佩。

关于伦琴发现 X 射线的经过，他本人很少谈论，在去世前他又嘱咐家人将自己的手稿和信件全部烧毁，所以详情无从查考。这里有一段 1896 年初某记者的访问，大致如下：

记者在参观后，问伦琴："教授，请给我讲讲发现的历史，好吗？"

"没有什么历史。"他说道，"我对真空管产生阴极射线的问题有兴趣。我就照着赫兹（H. Hertz）和勒纳德（P. Lenard）以及其他人的研究去做，并决定只要有时间就来做点自己的研究。这一次是在 10 月末，我做了好几天后，发现了新的现象。"

"那是什么日子？"记者问。

"11 月 8 日。"

"发现了什么？"

"我正在用包着黑纸板的克鲁克斯管做实验，在那里有一张亚铂氰化钡纸放在凳子上，我给管子通电流时，注意到有一条特殊的荧光出现在纸上。"

"那是什么？"记者追问。

"一般说来，这个现象只能靠光线传播才能产生，而光线不能从管子出来，因为屏蔽得非常严实，任何已知的光都是透不过的，即使电弧产生的光也是如此。"

"而您怎样想的呢？"

X
射
线
的
发
现

“我不想，而是研究。”伦琴回答说：“我假设这一效应必须是来自管内，因为它的特性说明它不可能来自任何别的地方，我进行了试验，几分钟后就确定无疑了。射线来自管子，对纸产生荧光效应。我试试拉开距离，越来越远，直至2米。初步看来它是一种看不见的光，这确是某种新的、未曾记录过的事物。”

　　“它是光吗？”

　　“不！”

　　“它是电吗？”

　　“和已知的任何形式都不同。”

　　“那究竟是什么呢？”

　　“我不知道。”伦琴继续说，“既然发现了一种新射线的存在，我就开始探讨它的行为。不久试验显示，射线的穿透力高到从未知晓的程度，它可以很容易地穿透纸、木和布，这些物质的厚薄在一定的限度内并不产生可以觉察的区别。射线也可以穿透所有试过的金属，大致说来，其穿透程度随金属密度改变，这些现象我已在交给维尔茨堡学会的报告中仔细讨论过了，您可以从那里找到所有的实验结果。由于射线有极大的穿透力，很自然它也能穿透肌肉，这是我给您看的那张手的照片。”

　　“将来会是怎样呢？”

　　“我不是预言家，我反对作任何预言，我正在进行研究，当结果得到证实时，我将立即公之于世。”

当记者还要问伦琴许多稀奇古怪的问题时，伦琴把手伸向记者，说："对不起！我还有很多事情要做，我忙得很。"说着，眼睛已经移向他正在从事的实验工作了。

偶然寓于必然之中

对于伦琴来说，他当然没有料到在重复阴极射线实验时，会发现一种新的性质特殊的射线，但是他的发现并不是因为交上了好运，而是由于几十年的精心实践，培养了良好的观察和判断能力。抓住了机会，就不轻易放过，务必研究得水落石出，所以，偶然的机遇获得了必然的成果。

伦琴在上一段提到的那张手掌照片，是第一张拍自人体的 X 射线照片，拍的是他夫人的手。1895 年 12 月 22 日，这时他已一个人在实验室里工作六个星期了。他意识到新现象的重要性，需尽快求证这一新射线的存在以及它的各种性质，在没有得证之前，最好不要声张。他怕万一搞错，声张出去，就会造成不可弥补的损失，所以他连自己的夫人和两名助手都隐瞒着。当时工作条件非常困难，特别是射线管都要抽成真空，需要耗费大量时间，如果实验中断，真空度降低，一切就得从头开始。为了便于连续工作，伦琴索性就吃住在实验室里，直到 12 月 22 日，他才将详情告诉夫人，并拉着夫人来到实验室为她拍下了第一张人手照片。

在研究阴极射线的过程中，发现 X 射线有一定的必然性。因为 X 射线实质上就是波长极短（约 1~10 Å）的电磁波，阴极射线既然是由高速电子流组成，这些电子打到电极上，与电极里的原子相撞后，速度骤减而必然会辐射这种电磁波（连续谱）。在此同时，原子的芯电子也会被激发，跃迁到高能阶，空出的低能阶将由外层电子填补，于是也会辐射这种电磁波（标志谱），所以 X 射线可以说是阴极射线的伴生物。这些道理，伦琴在一开始并不了解，限于当时的条件，他没有可能弄清楚 X 射线的本质。要知道，在伦琴发现 X 射线的年代，电子还未发现，阴极射线的本质还没有搞清楚呢！正是因为这个缘故，伦琴把这种新发现的未知射线取名为 X 射线。

既然 X 射线是阴极射线的伴生物，早在发现阴极射线的 19 世纪 60 年代，甚至更早，人们就应该在研究阴极射线的过程中发现 X 射线了。确实有许多人错过了这种机会。

幸运之神会选谁

1880 年，德国物理学家哥尔茨坦（E. Goldstein）在研究阴极射线时，就注意到该阴极射线管壁上会发出一种特殊的辐射，使管内的荧光屏发光。当时他正在为阴极射线是"以太波动"这个错误论点辩护，他写道："把荧光屏这样放到管子内部，即不让阴极发出的射线直接照射，但这射线冲击到的壁上所发出的辐射却可直接照射到，于是荧光屏就受到了激发，这个事实确实证明了以太理论。"

由于哥尔茨坦一心要证明阴极射线的以太说，他认为荧光屏发出这样一种特殊的荧光，正是以太说的一个证据。他到此也就心满意足了，没有想进一步追查根源，当然也就错过了发现 X 射线的机会。

这篇论文用德文和英文同时发表，当时关心阴极射线本质这一重大争论的物理学家们想必都会读到。然而，令人深思的是，15 年过去了，竟没有人问一问荧光屏为什么在遮去阴极射线后还会发光。

在 1895 年前的许多年里，很多人就已经知道照相底片不能存放在阴极射线装置旁边，否则有可能变黑。例如，英国牛津有一位物理学家叫史密斯（F. Smith），他发现保存在盒中的底片变黑了，这个盒子就搁在克鲁克斯放电管附近。但他只是叫助手把底片放到别的地方保存，而没有认真追究原因。

1887 年（早于伦琴发现 X 射线 8 年），克鲁克斯也曾发现过类似现象，他把变黑的底片退还厂家，认为是底片品质有问题。

1890 年 2 月 22 日，美国宾夕法尼亚大学的古茨彼德（A. W. Goodspeed）有过同样遭遇。他和朋友金宁斯（W. N. Jennings）拍摄电火花和电刷放电以后，没有及时整理现场，桌上杂乱地放着感过光的底片盒和其他一些用具。这时古茨彼德拿出一些克鲁克斯管给友人看，并向他作了表演，第二天金宁斯把底片冲洗出来，发现非常奇怪的现象：两只圆盘叠在火花轨迹之上。没有人能够解释这个奇怪的效应，底片就跟其他废片一起放到一边，被人遗忘了。六年后，当伦琴宣布发现 X 射线后，古茨彼德想起了这件事，把那张底片找了出来，他把桌上的仪器按原样装置，结果得到了同样的照片。1896 年 2 月 22 日，古茨彼德在宾夕法尼亚大学作了一次关于伦琴射线的演讲，在结束时讲到他当初实验的故事，说道：

> 我们不能要求伦琴让出阴极射线的发现权，因为没有作出发现之前，我们能提出的顶多就是，各位，请你们记住六年前的这一天，世界上第一张用阴极射线得到的图片就是在宾夕法尼亚大学物理实验室得到的。

还有一些人更接近于 X 射线的发现，例如汤姆生在 1894 年测阴极射线速度时，就有观察到 X 射线的记录。他没有工夫专注于这一偶然现象，但在论文中如实地作了报道。他写道："我察觉到在放电管几米远处的普通德制玻璃管道中，发出荧光。可是在这一情况下，光要穿过真空管壁和相当厚的空气层才能达到荧光体。"

勒纳德是研究阴极射线的权威学者之一，他在研究不同物质对阴极射线的吸收时，肯定也"遇见过"X 射线，他以为是由于荧光屏涂的是一种只对阴极射线敏感的材料而未予明确结论。但他始终对伦琴的优先发现耿耿于怀，甚至 1906 年他获诺贝尔物理奖时还说："其实，我曾经做过好几个观测，当时解释不了，准备留待以后研究——不幸没有及时开始——这一定是波动辐射的轨迹效应。"

其实勒纳德即使当时宣布观测到 X 射线，也不能承认他是 X 射线的发现者，因为当伦琴宣布 X 射线的发现以后，他还误认为 X 射线是速度无限大的阴极射线，把阴极射线和 X 射线混淆在一起。然而伦琴早在 1896 年就宣布 X 射线不带电，与阴极射线有本质上的区别。

科学家的精神

对伦琴发现 X 射线的伟大贡献，科学界作出了中肯的评价。普鲁士科学院在祝贺伦琴获得博士学位五十周年的贺信中写道：

> 科学史告诉我们，通常在发现和机遇之间存在一种特殊的联系，而许多不完全了解事实的人，可能会倾向于把此一特殊事例归之于机遇，但是只要深入了解您独特的科学个性，谁都会理解这一伟大发现应归功于：您是一位摆脱任何偏见、将完美的实验技术和极端严谨的态度结合在一起的研究者。

诚哉斯言！法国化学家巴斯德有句名言："机运偏爱头脑有准备的人"。正是由于伦琴经过长期磨炼，掌握了完美的实验技术，摆脱了任何偏见，才有可能抓住机遇，作出别人尚未作出的新发现。如何对待机运？伦琴给我们树立了榜样。

神秘的微中子

□ 倪简白

微中子的发现

　　这个似乎虚无缥缈的粒子是如何发现的？原来在 1930 年代研究原子核 β 衰变时，人们注意到一个看来是能量不守恒的现象，例如在 C_{14} 的 β 衰变过程（式一，放出的 β 射线即电子），人们发现电子的动能与碳和氮原子之质量差不符合。按照力学原理，上述过程必须满足动量与能量守恒律。但由于电子的质量比碳或氮小很多（电子质量是质子的 $1/1860$），所以 β 衰变时，原子核几乎不动。这也意味着电子的动能，等于两原子核的质能差。由于我们已知的碳与氮的质量，因此电子的动能应有一固定值，即 $E = (m_N - m_C)c^2$。但实验发现，电子能量在每一实验均不同，其能量为连续分布，自 0 到一个极大值（如图 32），因此它明显地违反能量守恒定律。

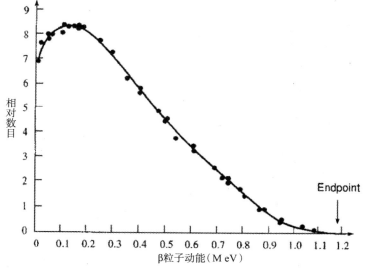

图32　铋同位素 ^{210}Bi 所产生的β射线能谱。图中可见能量分布为一连续分布，而非一固定值。

此一问题困扰了 19 世纪 30 年代的科学家有好一阵子，最后还是大物理学家包里（W. Pauli）出来解围，他提议说β衰变时，有第三个粒子射出，它携带了剩余的能量。此一粒子是中性的，非常小而测不到，当它与电子一齐射出时，携带了必须守恒的动量与能量。同时大科学家费米将此粒子命名为 "neutrino"，意即小的中性粒子（当时已知中子的存在，

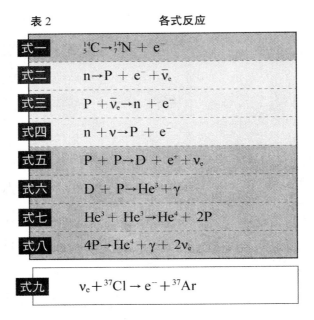

表 2　　　　　　　　各式反应

式一	$^{14}_5C \rightarrow {}^{14}_7N + e^-$
式二	$n \rightarrow P + e^- + \bar{v}_e$
式三	$P + \bar{v}_e \rightarrow n + e^-$
式四	$n + v \rightarrow P + e^-$
式五	$P + P \rightarrow D + e^+ + v_e$
式六	$D + P \rightarrow He^3 + \gamma$
式七	$He^3 + He^3 \rightarrow He^4 + 2P$
式八	$4P \rightarrow He^4 + \gamma + 2v_e$
式九	$v_e + {}^{37}Cl \rightarrow e^- + {}^{37}Ar$

而且实验上已测得到）。人们随后发现中子之 β 衰变，也会产生微中子。中子（n）在核内是稳定的，但离开原子核后，生命期只有 10 分钟左右（式二），它所产生的微中子是反粒子。中子衰变过程的逆过程，是反微中子撞上质子（P）的反应（式三）。另一相关反应是微中子与中子的直接反应（式四）。因为中子很少，所以被反微中子撞上的几率不大，故这两种反应不易发生。目前知道微中子有三种，它们分别伴随电子、μ 介子及 τ 介子产生。随电子产生的微中子最多，标示为 v_e，它的反粒子即上述的 $\bar{v}_e$；其他两种分别为 v_μ 及 v_τ。

太阳与星球产生的微中子

太阳中心所发生的核反应是维持太阳能量的来源。太阳最基本的核反应是质子（P）融合产生氘（D）及微中子（表2—式五）。

质子融合反应的下一步是氘与质子的融合成为氦（式六），而后又接着氦融合的反应（式七）。以上的净反应产生了两个微中子（式八）。

太阳内巨大的核融合反应维持它的光亮，但也送出无穷多的微中子。据估计，地球面对太阳的一面，每平方厘米每秒接受约700亿个微中子，这些微中子大部分穿越地球而进入另一边的太空。

同样地，任何星球也都送出大量的微中子。1987年，曾经有一颗超新星爆炸，对于天文有兴趣的朋友都应记得，这一事件只在南半球可目视。但当时在日本的神冈微中子测试站，却记录到微中子抵达的讯息，这唯一的可能就是微中子穿越地球而来的。这一偶然的发现对超新星爆炸及微中子探测，提供了重要的讯息。

因微中子不易测量，所以太阳射出的兆亿微中子中，只有一两个偶然被测到，但人们一直有兴趣测量它。这一工作的先锋开拓者，是美国布鲁克海汶实验室的戴维斯(Raymond Davis)。他于1967年在美国的南达科他州（S. Dakota）某一地下金矿中进行此一实验。此矿坑深入地下1.5千米，为的是过滤大部分天外来的宇宙射线。为捕获微中子，戴维斯使用 600 吨的四氯乙烯作介质。很偶然的，微中子撞到氯原子核会将氯原子转成氩原子同位素氩 37（式九，正常的氩原子量是 40）。氩因不起化学反应，所以会存于四氯乙烯中。戴维斯每两个月用氦气冲洗，将其中 20 个氩原子释出。这 20 多个 ^{37}Ar 虽少，但因为它会辐射，却可测得到。戴维斯的实验平均每两天可以测到一个事件（即一次微中子信号）。

从 1967 年到 1994 年的 27 年中，戴维斯实验测到的微中子是理论预期的四分之一，因为与太阳理论不符，因此造成了一个谜，我们称之为太阳微中子问题。大家一直无法解释其他四分之三的微中子在哪里。

近十几年来，另外几个实验陆续展开，其中比较有名的是日本的神冈实验。该实验在 1987 年展开时，使用 600 吨

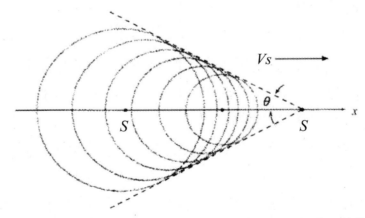

图33　当电子速度 V_e 大于光在水中的光速时（大约是 2.2×10^8 m/s），延波前发出两道包迹形成与前进方向具有 θ 角的震波，此即契伦可夫辐射。在空中飞行的喷射机会形成类似波，即声爆。

的纯水。当质子被微中子撞到后产生高速电子辐射，电子以近光速进行，在水中会产生一种震波，叫契伦可夫辐射（Cerenkov Radiation，图33），借着测量契伦可夫辐射的产生，可以得知微中子的数目。1987—1990三年间，神冈实验结果与戴维斯结果吻合，其中还意外测到1987年超新星爆炸射出的微中子。1990年以后，神冈实验又大肆扩充，这次使用了500吨的纯水。1998年夏天，它的测量结果有突破性的发现。据报载，根据几年来的数据，超神冈（Super Kamiokande）的工作人员有很大的信心证明微中子是具有质量的；但质量是多少，目前仍无法确定。

所以目前对太阳微中子数目的短缺，是根据将以下的说法，即太阳中射出的电子微中子ve会经过某种方式转变成其他两种微中子（$v\mu$及$v\tau$），但我们测不到这两种微中子。

在日本的神冈实验是对直接来自大气（面对太阳）的微中子及穿越地球（背对太阳）而来的微中子进行比较，后者由于多走了一个地球的距离，因此多一点时间转换成其他微中子。地球的直径是13000千米，但微中子是以光速运动，此一时间实际很短。实验发现，此一距离已足够转换微中子了。过去两年来的535个工作日，神冈测到256个上面来（穿过大气）的μ型微中子（$v\mu$）。但自地底来的却只有139个。超神冈可能是目前世界上最灵敏的微中子探测实验，为了捕获前述的电子契伦可夫辐射，使用13000支大型光电管，耗资 1 亿美元，全世界共有 120 位科学家参与。

类似的微中子实验还在其他地方进行，例如美国与苏联合作的镓实验（Ga Experiment 或称 SAGE）；法国也有一组类似的实验。但所有实验都与早期戴维斯结果差不多，测到的微中子只有理论的二分之一到四分之一。

微中子质量

微中子质量若能确定，上述太阳问题也就有答案了。微中子是首先由β衰变发现的，精确测量β能谱应可推出微中子质量，但是由于精密度要求太高，至今也无定论。其中比较著名的实验是有一些：

1.1948 年，库克（Cook）测量硫 35 之β能谱，得到质量（mv）上限 5KeV。

2.1972 年，瑞典勃克维斯特测量氚衰变，得到质量小于 60eV。

3.1980 年，俄国柳比莫夫测到质量在 17eV 到 40eV 间。

4.1988 年，俄国柳比莫夫重复实验，仍得到相同的结果。

同时，日本、美国、中国科学院的另一种实验测量结果显示，mv^2 都是负值（统计上的意义即 $mv = 0$，但也有其他解释，并无定论）[1]。

---

[1] 2009 年天文物理的一项研究指出微中子质量约 1.5eV，但是 2010 年另一研究指出它的质量是 0.28eV。这两项研究都是理论的估计，而非直接实验测量。

物理新论

微中子与宇宙学

按目前宇宙形成理论，三种微中子普遍存在宇宙之中。宇宙的微波（3K）黑体辐射已广为人知，那是大爆炸后宇宙中剩余的辐射能。根据理论，微波背景是大约每立方厘米400个微波光子（按电磁波理论，微波也是一种光，只是波较长）。这正像大气中空气分子密度（在一大气压时是 $2.5×10^{19}$ 分子/立方厘米）。粒子的密度随宇宙膨胀而日渐降低，目前这个数目（400）是近年来测量出来的。

理论亦显示三种微中子密度为每立方厘米100个，它们比电子或质子密度高一千万倍。天文物理研究一直认为宇宙中物质成分比天文观测所估计的大很多，天文观测所看到的大部分是发光的原子及分子，但另一部分不发光的（称之为暗物质）一直无法估算出来，而且它们是什么物质也是令人困扰。若是微中子具有一极小质量（例如 5eV），对宇宙学、天文物理研究就有很深远的影响。这是目前亟待了解的问题。

人造卫星是怎样发射的

□ 张以棣

随着"亚洲一号"卫星进入轨道，人造卫星又成为热门的话题。最常听到的两个疑问是：发射人造卫星到底有多困难？要花多少钱？这样的问题，一下子是很难回答的。因为卫星种类很多，功能既不同，发射难度相差也很大。例如一般人最有兴趣的"大耳朵"、"小耳朵"，就是最难的。第一步要问的是：人造卫星有哪些类别？功能上有什么不同？是怎样发射的？火箭发射能力要多大？牵连到哪些科技？我们目标是哪一类卫星？有了这些初步了解和共识，才可以进一步来讨论。

在开始正文之前，必须提醒两点。第一，卫星和火箭基本上是两样东西，不应当混为一谈。火箭（或载运火箭）是用以投射卫星，而卫星则是火箭投射的载荷（payload）。在图 34 及图 35 区分得很清楚。事实上，这两件事，在美国是由不同性质的公司分别承制的。

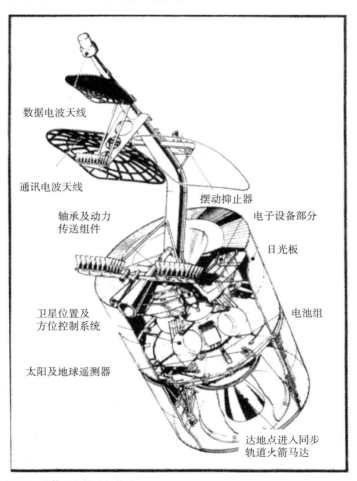

数据电波天线

通讯电波天线

轴承及动力
传送组件

卫星位置及
方位控制系统

太阳及地球遥测器

摆动抑止器

电子设备部分

日光板

电池组

达地点进入同步
轨道火箭马达

图 34　通信卫星的内部构造

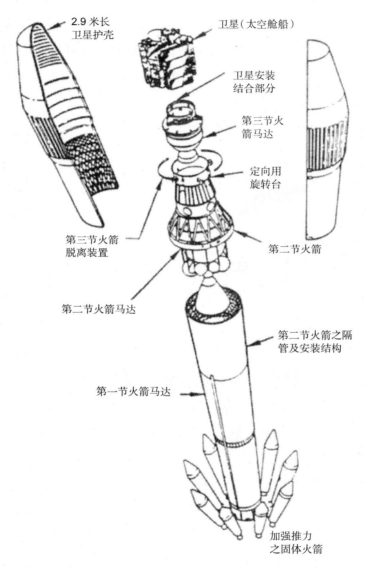

2.9 米长
卫星护壳

卫星（太空舱船）

卫星安装
结合部分

第三节火
箭马达

定向用
旋转台

第三节火箭
脱离装置

第二节火箭

第二节火箭马达

第二节火箭之隔
管及安装结构

第一节火箭马达

加强推力
之固体火箭

图 35　新型 Delta6925 及 7925 型载运火箭及其分离装置

第二从技术层面来说，卫星和火箭也有些重要的差异。在发展卫星方面来说，一般是起步不难，求精不易，求商业化更难。比如，美国业余无线电协会自行发展的一系列 OS-CAR 通讯卫星，就是在加州斯坦福大学附近一所社区学院（Foothill College）开始的。在另一方面，一具精密高性能的军用侦察卫星，本身价值即可高达数亿美元。最重要的卫星基本用途是通信，可大可小。花上几千万美金，几个月时间，也可赶制一具粗陋的卫星，如日本首次发射成功的 Ohsumi 卫星全重为 24 千克，而美国第一次进入轨道的 Explorer 1 卫星，本身仅重 4.76 千克。

相反的，投射卫星进入轨道的火箭，必须具有一定技术水平。不到达这个起码标准，根本谈不上发射卫星。因此，虽然火箭说起来每个国家都有，非常普遍，但曾多次发射卫星成功，被公认为"太空俱乐部"的会员国，迄今不多的几个国家而已。一些向美国公司购制通信卫星，委托美国或法国发射的国家，如印尼、加拿大、沙特阿拉伯、澳大利亚等国，都只是人造卫星的拥有者或使用国而已。至于曾发射高空火箭的巴西，以及不久前传闻用购来的飞弹发射卫星，短期进入轨道但不久坠毁的伊拉克，都不能算是发射卫星成功的国家。因为在火箭史上，这类功败垂成的例子并不鲜见。例如美国在 1961 年 8 月 25 日编号 ST-6 的 Scout 火箭，由于三节及四节火箭分离欠佳，于进入轨道后，最低点距地面仅 99 千米，三天后即坠毁，被判为发射失败，就是一个例子。

人造卫星的轨道

人造卫星有通信、气象、资源、军用等不同种类。但谈到发射的难度，则最好依其轨道来区分。例如低空卫星（low earth orbit 或 LEO）、太阳同步卫星（sun-synchronous）、地球同步卫星（geosynchronous）、闪电号运载火箭卫星等。在讨论这些不同卫星之前，先谈谈一些有关卫星轨道的常识。

沿轨道循行速

我们都知道在轨道上运行的卫星，是要靠离心力与星球引力相平衡，才能维持不坠的。因此，发射卫星的第一项条件，就是要有力量够大的火箭，把卫星推到必须达到的速度。例如 184 千米高度的低空卫星，所需要的轨道速度是每秒约 7800 米。火箭要能把卫星从地面射向太空，并以这个速度进入轨道，才能成功。一般而言，火箭从地面发射，经过空气阻力及地球重力的耗损，会消耗掉大约每秒 1200—1500 米的速度。因此，要发射卫星进入 184 千米低空轨道，火箭必须具有推动卫星到达每秒 9100—9500 米的能力才行。

在火箭离地升空而未进入轨道之前，火箭沿着弧形轨道，用火箭马达向前推进（见图 36 及 37）在这段"动力加速升高"（powered ascent）期间，火箭重量显然还不能完全被离心力平衡，而必须马达在加速之外，另外耗费燃料产生额外的推力来抵消，因此，这段加速升空时间，原则上是愈短愈好（普通在 10 分钟左右），以这样短短的时间，要把一具重量可达数百吨的火箭加速到每秒 9140 米也就是每小时 33000 千米的速度，显然非用极大的推力不可。而增加火箭推力，只有两个办法。一是提高喷气速度，例如用液体燃料但亦有限度。一是每秒内喷出更大量气体，这一来就必须携带大量燃料，而火箭总重也随之大大增加。

以上所说的一些因素，产生了下面的重要后果：（一）一具重逾数百吨高达 30 米以上的通信卫星发射火箭，内部主要是燃料，重量通常占总重 80% 以上。（二）实际火箭投入低空轨道之有用载重，实仍笺笺之数！通常仅只有总重 1% 左右。（三）在起飞离地时，需要惊人的推力，经常高达两百吨以上。离地之后，随着燃料的大量喷泻，火箭迅速加快。其结构重量，渐嫌过高，应该逐步丢弃，以减轻重量，因此一般发射卫星火箭，包括太空梭在内都是多节火箭。（四）通信卫星的重量，当然是愈大愈好。目前的情形是 1300—2600 千克之间，因而所需之投射火箭就变得巨大价昂，一般离地时总重在 200—700 吨之间。本文未详谈之太空梭（spaceshuttle），可携带 30 吨（65000 磅）载荷进入低空轨道。这种也不算太新的太空运输工具离地时重 2250 吨，火箭总推力 3750 吨，单位造价超过 20 亿美元。

卫星的周期

卫星绕行一周的时间，随轨道的半径而异。半径愈大，周期愈长。情形就像挂钟的钟摆，锤杆愈长，钟锤摆动愈慢。184 千米高度的卫星，绕行圆周一次的时间，大约是一个半小时。而在距离地面 35200 千米的卫星，则是 24 小时。如果后者是在赤道面上环行，那么对地球表面的观察站或电波接收台来说，它的位置就是固定的，可以经常传递电讯。这就是地球同步卫星。我们所熟悉的"大耳朵"、"小耳朵"（C-band 及 Ku-band 通信卫星）以及 GOES 一类的定位气象卫星都属于此类。

另一方面，低空绕行的卫星，地面上能接收电讯的时间就短暂得多。就高度 184 千米高度卫星来说，它绕行地球每天大约是十四周。假定第一周经过台湾上空经度大约是东经 120°。它绕行一周回到原处时，地面已因地球自转而向东移动了约 25°。卫星下面的地面，已经是东经 95° 相当于缅甸了。因此对地面而言，卫星每转一周，它的轨道向西移动约 25°。如果卫星再转一周，它下面的地面就是东经 70°，相当于巴基斯坦的经度。重要的是每转一周，它跟台湾的地面距离就增加了约 2560 千米。

太空时代初期及一些目前少数苏联低空卫星，是用 29 兆周短波无线电，可以达到远距离。但时至今日，已很少用这类笨重的通讯装置了，现在一般用的都是像电视所用的 VHF、UHF，乃至更高周率的微波。这些直线进行的电波从 184 千米高度卫星发射，地面上能接收的距程大约只有 3200 千米左右。因此，地面上的接收站每天日夜两次，共只有五或六次机会与卫星联系。同时每次通讯的时间，至多也不过十余分钟。

地转及东向发射

上面说过，卫星进入 184 千米低空轨道，需要每秒 9140 米的速度。这个速度是指对静止的空间坐标而言的。由于火箭是从地面发射，而地面因地转是在向东方移动，因而火箭起飞时可以免费的得到一些初速。如火箭向正东方向发射，而发射地点又是在赤道线上，地面的切线速度就是最大，每秒可达约 488 米，相当每小时约 1750 千米的速度。这对发射火箭，帮助是相当大的。

试想：一具重达 200 吨的巨型火箭，要靠火箭把它推到每小时 1750 千米的速度该有多么困难？又要消耗多少燃料？这个无代价得来的初速，对初次发射卫星来说，可能就是成败的关键。而对发射大型通信卫星，燃料的节省就是卫星重量的增加，也关系成本匪浅。因此法国阿利安（Ariane）火箭的发射基地不在法国，也不在欧洲，而是在迢迢千里外南美洲巴西以北的法属奎亚那，一个叫库鲁的太空基地。该地位于西经 53°北纬仅 5°，且东临太平洋，极适宜发射大型通信卫星。

美国东部佛罗里达州的肯尼迪太空中心（KSC）与此次发射"亚洲一号"卫星的中国西昌卫星发射基地，位置均在北纬 28°左右，这两地的地面移动速度，都比库鲁为低。据估计用同型火箭发射卫星，重量会较在库鲁少达 10%。中国现在海南岛（19°N, 111.1°E）已建有海南探空火箭发射场，并曾发射过"织女"探空火箭。

轨道仰角

卫星轨道与地球赤道面的夹角，对发射卫星也有重要关系。为具体起见，假定火箭是以恒春为基地向正东方向发射（见图 36），粗看之下，卫星轨道似乎就是 22°纬度的圆环，其实这是不对的。如众所周知，卫星是被地心引力拉住的。它的轨道面因此必须通过地心。卫星火箭向东方发射后，它的方向即渐由正东转向东南进入一个与赤道面成 22°仰角的大圆形轨道。也就是说向正东发射，卫星的轨道经常是以地心为中心的大圆环。如果是向正东发射的话，它与赤道的仰角正好等于发射地点的纬度，纬度愈低仰角愈小，轨道面也愈靠近赤道面。

这样的结果有时也不尽理想。由图 36 可以看出，如果轨道仰角是 22°，它的轨迹就上下来回于北纬 22°与南纬 22°之间，涵盖的面积，是一个很狭的地带。整个美国、整个欧洲以及苏联、韩国、日本等重要地域，通通都不在这个范围以内。

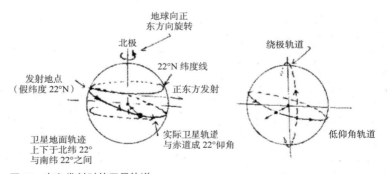

图 36 东向发射时的卫星轨道

小型的"卫星发射系统"

　　很多太空国家，在发展初期，都是用成本低、构造简单及技术要求不高的小型火箭，来发射人造卫星。例如日本和印度发射第一颗卫星的 Lambda 与 SLV-3 火箭。另一种情形是有些国家原已有小型远程飞弹，因为某种需要，改用来发

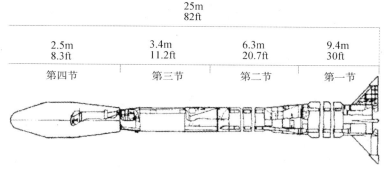

```
                    25m
                    82ft

   2.5m          3.4m          6.3m          9.4m
   8.3ft         11.2ft        20.7ft        30ft

   第四节         第三节         第二节         第一节
```

图 37　著名的 Scout 火箭构造图

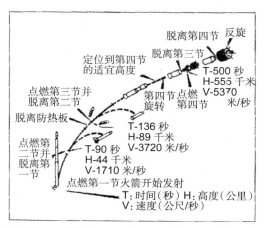

图 38　典型的小规模卫星发射系统——美国太空总署的侦察四节固体火箭，已发射数百枚进入地面低空轨道。

射人造卫星，如美国及以色列的 Juno 1 与沙维特运载火箭。也有因应科学研究的广泛需要，特别研制的小型卫星发射系

表 3 　　　　　　　　小型卫星发射系统个例

	国别	长度（公尺）	直径（公尺）	总重（千克）	火箭马达级数及推力（千克）(S:固体，L:液体)		备注
（Gabriel＊）	以色列	3.4	0.34	520	1　S	3590	地对地飞弹,射程 37 千米
					2　S		
（Minute-man）（1961）	美国	18.2	1.71	33055	1　S	91980	地对地洲际导弹,射程超过 12960 千米
					2　S	27240	
					3　S	8013	
Juno1（1960）	美国	21.7	1.78	29050	1　L	37580	发射第一颗美国卫星,进入轨道
					2　S	7490	
					3　S	2,50	
					4　S	817	
Scout（1960）	美国	21.9	1.01	16520	1　S	52210	典型小型卫星发射系统,迄今已发射数百枚进入轨道
					2　S	22700	
					3　S	6175	
					4　S	1360	
Lam-bda-4S（1970）	日本	16.5	0.74	9490	0　S	19420	发射第一颗日本卫星进入轨道
					1　S	37040	
					2　S	12010	
					3　S	7000	
					4　S	000	
5LV-3（1980）	印度	23.0	1.00	17356	1　S	55360	发射第一颗印度卫星进入轨道
					2　S	23525	
					3　S	8030	
					4　S	2200	
Peace Keeper＊（MX）	美国	21.6	2.32	88530	1　S	258780	地对地洲际导弹,射程超过 12960 千米
					2　S	152090	
					3　S	34960	

统，如美国太空总署发展的 Scout 系列火箭。大体上说，这类火箭共同的特色是：（一）由三至五节固体火箭组合而成。

（二）火箭最大推力在 60000 千克以下。（三）火箭总重在 36000 或 40800 千克左右。（四）能发射 100—200 千克卫星进入低空近赤道轨道；（五）它们的主要功能是用于科学研究方面（见图 37 及图 38、表 3 及表 4）。

我们知道人造卫星的最大优点是能在距地极高的空中长期逗留。比如说研究高空物理，原也可以使用气球，但气球可达之高度颇为有限，一般在 40 千米左右。如用以研究太空物理，如太阳发射的带电质点——太阳风，则力有未逮。例如著名的范艾伦带（Van Allen belt，900 千米以上）就是在发射人造卫星以后才发现的。

表 4　　　　　　　　　　小星卫星发射系统个例

火箭名称	用否固体火箭加大推力	各节所用燃料种类			最大推力（千克）	离地重量（千克）
		1	2	3		
N-1(日)(1975)	用	液体	液体	固体	148290	90360
Delta 2914(美)(1974)	用	液体	液体	固体	213530	133070
Delta 3914(美)(1975)	用	液体	液体	固体	347770	190800
Ariane(欧洲)(1979)	否	液体	液体	液体	245260	208220
Atlas-centaur(美)(1962)	否	液体	液体	液体	166620	136200
TitanIII C(美)(1965)	用	液体	液体	液体	071440	645405

用人造卫星来观察星象，亦有很大的助益。最具体的例子是将观测仪安装于人造卫星内，射入赤道上空轨道。当卫星绕地球环转时，如将观察仪器向南北方向扫描，则全部星空均可"尽收眼底"。一个最著名的例子，是 1970 年

12 月 12 日在非洲肯亚的圣马可地方一个趸船上，用 Scout 火箭发射的乌呼鲁卫星。这具美国太空总署编号为 SAS-1（小型天文卫星一号）的卫星，是从观测太空中 X 射线的辐射情况，来研究当时最热门的 Cyg X-1 星座方位有无存有"黑洞"的可能性。下面是这个研究计划的全部费用（1970 年）：

卫星	700 万美元
卫星所载实验仪器	500 万美元
四节侦察火箭	100 万美元
人工费用	25 万美元
总数	1325 万美元

从 1970 年至今天这些数字当然已经是明日黄花。不过对于发展火箭科学研究工作，这些数字应当还是有一些参考价值的。

用军用火箭来发射人造卫星也有几个有趣的例子。我们都知道苏联在 1957 年 10 月 4 日成功发射第一颗卫星，在美国造成极大的"斯普特尼克（Sputnik）震撼"。在第二颗斯普特尼克升空时，美国仍是一再失败，狼狈万分，后来仍然是使用陆军的木星 C 火箭，勉强在三个月后，送上一个连末节火箭在内，也不过重 14 千克的小卫星。被苏联讥笑是一个小苹果。现在看起来，这场竞争，对美国似乎不算太公平。因为苏俄的斯普特尼克一号是用一具洲际飞弹放上去的。当时卫星重量高达 84 千克，确让美国人大吃一惊。美国因为坚持"军民分离"政策，不用军用火箭来放民用卫星，以致落得灰头土脸。

后来又有一个历史重演而角色倒置的例子。日本用小型民用火箭发射卫星，于 1970 年 2 月 11 日一举成功。卫星重量虽不过 24 千克，但在太空史上，夺得列名第四。中国在 1958 年即开始军用火箭的研制。但 1970 年 4 月 24 日才发射第一颗民用卫星，虽重达 173 千克，但乃以两个月之差，在太空史上落于日本之后，屈居第五名，足见很多历史上遭遇，是有幸也有不幸的。

另一个最近的例子，就是以色列。到目前为止，它已经成功地发射两枚卫星进入轨道。它的第一颗人造卫星是在 1988 年 9 月 19 日成功进入轨道，卫星的重量高达 156 千克，显然内容不简单。据闻发射用的火箭，是由飞弹 Jericho 演变而来，而该型飞弹与美国 Minuteman 威力相当（见表 3）。顺便一提的是，即火箭能达成的任务，显然与载重直接相关。表 3 所列之美国 MX 洲际飞弹，虽射程与 Minuteman 属同一等级，但载重与火箭马力则相差甚远。至于大家所熟知的以色列百列飞弹（Gabriel），不论就载重或性能，与发射卫星之火箭，均不可以同日而语了。

太阳同步卫星的发射

所谓"地极卫星"（low earth polar orbit satellites）系指

循地球南北方向，绕地环绕的低空卫星。若轨道仰角及卫星高度适当选择，则有所谓"太阳同步卫星"一般用途颇广。像"低空气象卫星"、"资源探测卫星"等都是。

太阳同步卫星的原理是这样的：前面说过，卫星的运动直接受地球重力场的支配。如地球是一个理想的圆球，它的引力可以假设出自球心一点，这时卫星的轨道就固定在空间中，像一个无形的圆环，随着天上的星座由东向西旋转。由于地球对星空只有自转，而对太阳除了自转还有公转，每天星座升起的时间，比太阳要提早约四分钟。也就是说，如果一颗星今夜 12 点通过天顶，明天 12 点，就会发现它业已通过天顶在偏西的位置，这样累积一个月下来，这颗星在夜间 10 点钟，就可以到达天顶。因此，如果卫星轨道在空间固定与星座以同样速度旋转，它到达某地上空的时刻，就经常在变。

这种情形事实上是可以改变的。因为地球并非真正是圆形。它的南北直径较短，而赤道部分较凸出，因此卫星的轨道并不是完全固定的。从研究中我们可以发现，如果卫星轨道仰角约 99°，高度约 900 千米（卫星周期约一百分钟），则卫星轨道每天的起落时间就会比星座迟 4 分钟，而与太阳"同步"。这样的卫星有两个好处：第一，它每天到达地面某一地点的时间，大体是一定的；第二，如图 39 所示，在一年之中几乎全部时间，它的光电板（solar panel）都能接收到日光能的照射。

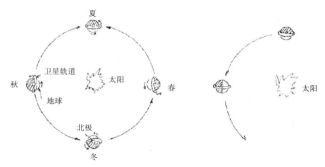

图 39　太阳同步卫星的优点

　　发射此类卫星，技术上当然比较困难。第一，它的轨道是沿地球南北方向，无法利用地面转速。第二，卫星高度及重量均较大。以美国 NOAA-11 低空气象卫星为例，它的轨道高 860 千米，与赤道仰角 99°，卫星重量是 1700 千克，需要每秒 900 米的额外速度。一般来说，同样的火箭送入太阳同步轨道的重量，仅及送入低空赤道轨道的一半。

地球同步卫星的发射

　　地球同步卫星多数是像图 34 的商业卫星一样，重量都很大，一般在 1300 至 2600 千克之间，且在不断地增加中，发射的火箭也都很巨大。目前除太空梭外，一次性的火箭计有美国的 Titan、Atlas-Centaur、Delta、法国的 Araine 及中国的长征系列火箭。日本的 N 型及 H 型火箭，也是同一类型的火箭，但不在国际商业市场上参加竞争。美国的三型火箭，都是 1960 年代的产品，按照国家航天航空局原定计划，在 1981 年 4 月太空梭问世之后，这些多节型一次使用的火箭，都不准备再用。后来因为挑战者号太空梭失事，才又改变计划，用它们来发射商业卫星。因此这么多年来，美国未发展新的火箭。

表 4 和图 40 是这些火箭早期的规格。目前各种新型，除性能上有所改进外，在使用时也有不同组合方式，无法详述。从表中可看出这些火箭一些共同特性，例如多数是液体火箭，由二至三节组成。重量在 200—600 吨之间；高度是30—45 米，直径 3—5 米。离地时推力在 200 多吨到 700 多吨之间等。为增加有用载荷，这些火箭也多采用"捆绑固体"（strap-on）火箭的办法，来增强起飞时的推力。

现在我们用一个具体的例子，来说明通信卫星是怎样发射的。假设发射站是纬度 28.5°，用的是 Atlas-Centaur 火箭，要把一个重约 1300 千克的通信卫星，朝着正东方向发射，

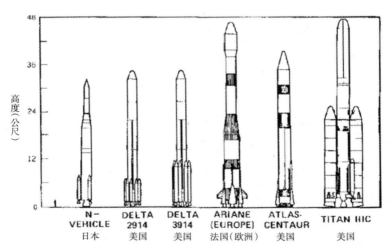

图 40 商业卫星用之载运火箭群像（未列 H 系列及长征系列）。

目标是将这个卫星，送近距离地面 35520 千米的同步轨道。

Atlas-Centaur 是由 Atlas 与 Centaur 两个火箭组合而成

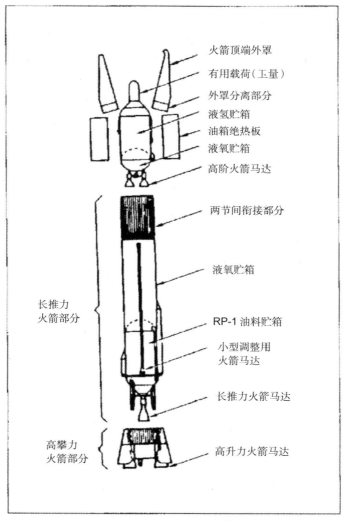

火箭顶端外罩

有用载荷（工量）

外罩分离部分

液氢贮箱

油箱绝热板

液氧贮箱

高阶火箭马达

两节间衔接部分

液氧贮箱

长推力
火箭部分

RP-1 油料贮箱

小型调整用
火箭马达

长推力火箭马达

高攀力
火箭部分

高升力火箭马达

图 41　价值美金 4000 万元（不包括卫星）之阿特拉斯卫星发射火箭，离
地时总重 180 吨，火箭推力 220 吨，可将 5200 载荷送进同步转移轨道。

的（见图41），它的下半部是 Atlas 火箭，内装有由"强力"和"持久"的两组马达组成的 MA-1 火箭引擎及其共用的油箱（称为 $1\frac{1}{2}$ 节），上半部是使用液氢液氧的高节 Centaur 火箭。卫星则装在火箭的最高端，有可裂开的外壳保护。这个外壳主要是使上升时空气流线型化，在火箭离地约三分钟后，即自形分开脱落。发射的程序可从图42及图44中看出详情，下面则是摘要的描述：

（一）离地上升：MA-5 的三具火箭同时喷射，火箭加速上升。到 4 分钟后，MA-5 两组马达全部燃料用尽停火，Atlas 部分的火箭全部脱离。仅余上部之 Centaur 火箭及卫星继续沿弧线上升。

（二）进入停驻轨道：Centaur 火箭适时发射，将火箭及卫星送进 184 千米之 28.5°圆形停驻轨道（parking orbit），火箭速度达轨道速度。火箭暂停喷射。

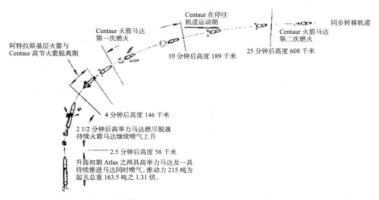

图 42　升高初期阿特拉斯之两具高举力马达及一具持续推进马达同时喷气，总推力 215 吨为起飞总重 163.5 吨之 1.31 倍。

（三）进入转移轨道：火箭沿 184 千米高圆形轨道前进，此时轨道与赤道乃保持 28.5° 斜角。俟火箭飞达赤道面附近，Centaur 火箭再度着火喷射，将卫星以每秒 10230 米速度，投入长椭圆形的转移轨道（geo-synchronous transfer-

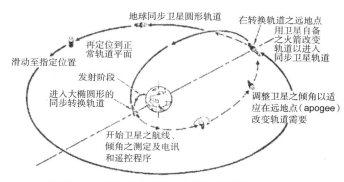

图 43　发射通信（地球同步）卫星过程图

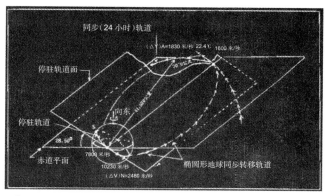

图 44　地球同步卫星发射各阶段航速示意图（假定发射站位于北纬 28.5 度）。

（i）火箭在 S 点向正东方面发射进入仰角 28.5° 之圆形暂行轨道，速度每秒 7800 米。

（ii）火箭到达赤道面时，高节火箭燃着，速度增加（△vP = 2440 米/秒），速度达 10230 米/秒，进入大椭圆形轨道之近地点（pengee），此时载运火箭全部脱落，仅卫星继续向目标前进。

（iii）卫星再次通过赤道面，卫星自携之 Apogee 马达喷射改变航速及方向，以进入在赤道面上距地心 41920 千米之圆形地球同步轨道（轨道速度每秒 3070 米）。

orbit），Centaur 火箭随即脱落，剩下卫星部分沿转移轨道继续前进。此时轨道仰角仍为 28.5°，至此阿特拉斯运载火箭全部脱离。卫星发射公司之任务全部完成，全程自起飞至此共历时约 25 分钟。

（四）进入同步轨道：卫星进入转移轨道后，即由卫星公司之地面控制站接手操作。这时的主要工作，除发动及检验卫星各种机器及通讯设备外，就是调整卫星位置及仰角，以便在远地点（apogee）适时发动卫星自备之小型火箭（Apogee Kick motor），将卫星投入赤道面上距离地面 35500 千米之同步轨道，其详情如图 44 及 45 所示。

（五）卫星定位：每一同步卫星在轨道上均有一个国际指定的位置。例如"亚洲一号"的指定位置是在距新加坡不远的东经 105.5 度，卫星进入同步轨道后，经若干时日的滑动（drift）到达这个位置。卫星内并另有火箭，保持它在此位置不再移动。

闪电号卫星

地球赤道上的同步卫星，对于南北地区的接收站，并非十分理想。图 45 所示近地面的一端远达 35500 千米以上的长椭圆形，叫做闪电号的卫星轨道，是前苏联全国性电视电话以及华盛顿—莫斯科热线电话所采用的卫星轨道。

这种卫星周期很长（8—12 小时），并且卫星在极远点一端缓慢地移动。因此，地面与卫星，或两点经由卫星的通

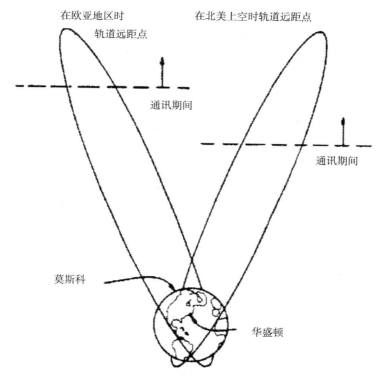

在欧亚地区时
轨道远距点

在北美上空时轨道远距点

通讯期间

通讯期间

莫斯科

华盛顿

图 45　用于前苏联全国 TV 及华盛顿—莫斯科热线的闪电号卫星通信系统、
　　　　卫星周期为 12 小时，轨道仰角 63.4 度。

讯时间，可长达 8 或 9 小时以上。如发射数个这种卫星，组
织成卫星网，则可供全球通讯之用。

为什么是碳而不是硅

□许家伟

　　如果分析一下地球上所有无生命物质的元素成分，与生物体的元素成分，并作一比较的话，你会发现两者有非常大的出入（图46）。地壳（crust）包括石头、土壤、沙粒及其他无机物质等，它们最主要的三种元素分别为氧（oxygen，O）、硅（silicon, Si）及铝（aluminium, Al），它们总共占了地球总元素成分的90%！

　　反观生活在这个星球上的生物体：人类、鱼类、植物及其他的生命体，当中最主要的三种元素分别为氢（hydrogen，H），氧及碳（carbon, C），它们总共占了总成分的 99%之

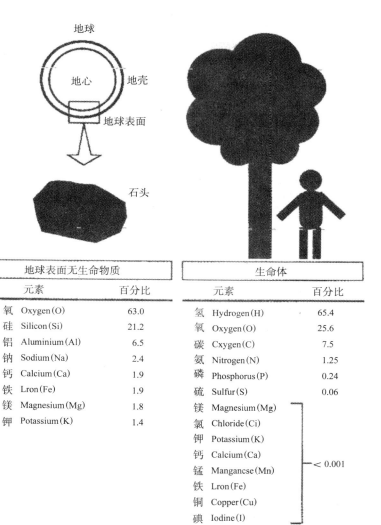

地球表面无生命物质		
元素		百分比
氧	Oxygen(O)	63.0
硅	Silicon(Si)	21.2
铝	Aluminium(Al)	6.5
钠	Sodium(Na)	2.4
钙	Calcium(Ca)	1.9
铁	Lron(Fe)	1.9
镁	Magnesium(Mg)	1.8
钾	Potassium(K)	1.4

生命体		
元素		百分比
氢	Hydrogen(H)	65.4
氧	Oxygen(O)	25.6
碳	Cxygen(C)	7.5
氮	Nitrogen(N)	1.25
磷	Phosphorus(P)	0.24
硫	Sulfur(S)	0.06
镁	Magnesium(Mg)	
氯	Chloride(Ci)	
钾	Potassium(K)	
钙	Calcium(Ca)	< 0.001
锰	Mangancse(Mn)	
铁	Lron(Fe)	
铜	Copper(Cu)	
碘	Iodine(I)	

图46　地球表面无生命物质与生命体中各元素含量之比较图。

多。而当中虽然碳原子只在"排行榜"中占第三位（7.5%），但它的重要性并非排行第一及第二位的氢及氧原子所能比拟。因为碳原子能够组成长链结构，这种结构是生命物质中几乎所有巨分子（macromolecules）最基本及典型的骨架。举例来说：碳水化合物（carbohydrates）、脂肪（lipids）、蛋白质（proteins）及核酸（nucleic acids）等，它们的主要分子骨架都是以长长或环状的碳链为主！

令人疑惑的碳与硅

如果细心地比较地球的三大成分与生物体的三大成分，你可以发现在地壳含量居第二多的硅元素（占地球总成分的21.2%），以及在生物体中第三大量的碳元素（占生命物质总成分的7.5%），都是同属于周期表（periodic table）中的4A族元素（图47）。

只要曾经念过普通化学课程的人都知道，在周期表中处在同一族的元素，都或多或少具有相同的化学和物理特质。

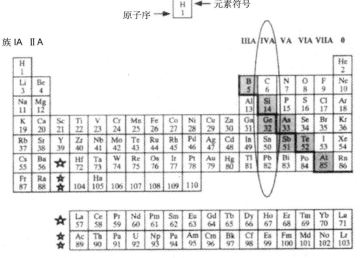

图47　元素周期表

既然碳与硅为同一族的元素，那么就代表他们两者都应该拥有差不多的原子、分子特性，也可以具备相类似的化。

目前元素共 110 个，其中第 104 及 106—110 元素之命名未被国际纯粹与应用化学联合会（IUPAC）确认，故此空白。第 IVA 族元素用圈圈起来。

灰色标示元素以左为金属元素，灰色标示元素以右为非金属元素。

☆为镧系过渡元素

☆☆为锕系过渡元素学反应，那么为何生物体偏要选择利用碳原子来组成生命的要素呢？

而从元素的含量与分布情况也产生相同的疑惑：既然地壳中蕴含那么大量的硅，为何生命体不"顺便"使用这唾手可得的元素呢？而偏偏利用碳原子作为生命物质的"最佳主角"呢？

碳与硅的电子排列

在解决上述问题之前，首先让我们了解一下碳与硅两者的电子组态（electron configuration）。

的确，同一族中的元素都会有相似的元素特性，就两者的电子组态而言，都是以 ns^2np^2 形式存在的（表 5），换句话说它们都有四粒价电子（valence electrons）存在于最外层的电子层（shell）中。也是因为这种同一族中的价电子排列的相似，使同族中各原子的特性都非常的类似，但碳原子与同

族中其他的原子始终有些不同的地方，而这些不同之处正驱
使碳原子担任生命体中最重要的角色。

表 5　　　　　　　　　　第 IVA 族元素之电子排列

元素			原子序	电子排列
中文	英文	符号		
碳	Cartbon	C	6	$1s^22s^22p^2$ （2，4）
硅	Silicon	Si	14	$1s^22s^22p^63s^23p^2$ （2，8，4）
锗	Germanium	Ge	32	（2，8，18，4） $1s^22s^22p^63s^23p^63d^{10}4s^24p^2$
锡	Tin	Sn	50	$1s^22s^22p^63s^23p^63d^{10}4s^24p^64d^{10}5s^25p^2$ （2，8，18，18，4）
铅	Lead	Pb	82	$1s^22s^22p^63s^23p^63d^{10}4s^24p^64d^{10}4f^{14}5s^25p^6$ $5d^{10}6s^26p^2$ （2，8，18，32，18，4）

原子大小

"弃硅保碳"的第一个原因是与原子大小有关。

基本上，我们可以发现在同一族的元素中，原子序越
大，原子半径就相对的越长（表 6）。例如碳原子的原子序
为 6，其原子半径只有 77pm 那么长，但硅的原子序为 14，
它的原子半径就有 117pm 那么长（表 6）。因此当原子进行
自我相连（self-linkage）要构成同类长链结构时，本身原子
半径越长的原子所形成的键结就会越脆弱，因为相对的键结
能量会随着原子半径的延长而下降（表 7）。那么，可想而
知，键结就越容易断裂，越不适合组成生命体的巨分子长链

结构，也就越不适合应用在生命体当中。碳原子的原子半径比硅原子的原子半径短，键结能量也就比硅与硅所组成能量来得高，键结的断裂机会也比硅原子所组成的长链来得少，那么，碳原子在这一点上就脱颖而出了。

表6 　　　　　　　　第 IVA 族元素之物理性质比较

	碳 (Carbon;C)	硅 (Silicon;Si)	锗 (German- lum;Ge)	锡 (Tin;Sn)	铅 (Lead;Pb)
溶点(℃)	＞3550(镭石) 3652-3697(石 基)	1420	959	232	327
准点(℃)	4827	2355	2700	2360	1755
原子序	6	14	32	50	82
原子半径 (pm)	77	117	122	141	154
电离能 (kj/mol:0k)					
第一组 电子	1090	783	782	704	714
第二组 电子	2350	1570	1530	1400	1450
第三组 电子	4620	3230	3290	2940	3090
第四组 电子	6220	4350	4390	3800	4060
阴电性	2.6	1.9	2.0	2.0	2.3

键结倾向

第二个原因是从碳原子的键结能量所反映出来的碳原子结合倾向。

原子间键结	键结能量(kL/mol)	键结断裂机会
C-C	347	
Si-Si	226	递减
Ge-Ge	188	递增
Sn-Sn	155	

表 7 第 IVA 族元素自我联结键结间之能量

从键结能量中发现，碳原子自己与自己或与别的原子（如氧、氢或氯）的键结能量均差不多（由 326KJ/mol 到 414KJ/mol）（表7），这表示碳原子组成键结并没有特别的'癖好'。

但反观硅原子，硅与硅之间的键结能量是 226 KJ/mol，比硅与其他原子（如氧、氢或氯）所组合的键结能量都来得低（介于 328—391 KJ/mol 之间）（表7），这代表硅比较倾向与别的元素结合，而不倾向以自己结合来组成长链。就这一点来看，碳原子比较容易与自己联结并形成长链结构，反而硅原子似乎没有这种倾向，因此碳原子比硅原子更适合于用在生命体中组成结构性的长链巨分子。碳原子又一次的雀屏中选了。

键结性质所导致的相性

第三个原因与碳和氧的分子性质有关。

碳原子有 S 及 P 两种轨道（orbitals），可以形成单键模式的σ键结（sigma bond 或σ bond）；也可以利用 p 轨域去形成π键结（pi bond 或 π bond），这也是双键及三键的键结模式。就因为这样，使碳原子利用σ键和π键，与两个氧原子

物理新论

形成生命体系中不可或缺的二氧化碳（CO_2）分子（图48），而这分子则是以气相形式自由且稳定地存在于空气中，甚至可以溶于水中。而从另外一个角度来看，二氧化碳参与植物的光合作用，使碳原子在自然

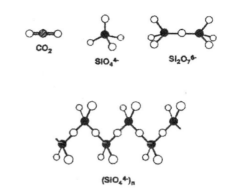

◎为碳原子　○为氧原子　●为硅原子
图48　碳或硅原子与氧原子之结合模型

界中不断循环，提供一个生生不息的管道。

相反的，硅原子的能阶有三层（表5），使硅出现双键的组合很罕见，而由锗原子开始，也出现 d 轨域（表5），使这些原子出现多于四个键结的情况，如 SiF_6^{2-} 及 $SiCl_6^{2-}$ 这种离子组合。硅原子与氧原子的结合模式也只能用单键，而所组合出来的二氧化硅（SiO_2）分子有净价电子存在，需要与另外的二氧化硅的分子相互结合，最后才能形成一种稳定的、非挥发性的三度空间网状晶体，如 SiO_4^{4-}、$Si_2O_7^{6-}$、$Si_3O_9^{6-}$、$Si_6O_{18}^{12-}$、$(Si_2O_5^{2-})_n$ 或 $(Si_4O_{11}^{6-})_n$（图48），都是固相形式，而不像二氧化硅分子般飘游四周。就这一点来看，碳原子比硅原子好用多了。

碳是非金属元素

第四个原因与原子的导电性有关。

通常，在周期表中我们可以把元素简单地划分成可导电的金属元素及不能导电的非金属元素两类（图47），但在两类元素的分界处，有些元素是属于半导体元素（semiconducting elements），导电性也介乎于金属及非金属之间。

在第4A族的元素中，只有碳元素属于真正的非金属元素，硅及锗为半导体元素，而锡及铅则是金属元素。那么，选择利用碳原子来作为生命物体的重要分子，就有其独特的导电性的考量了。

结语

"为什么是碳而不是硅"（Why carbon, but not silicon）这个问题的确非常有趣，而答案却出人意表的非常化学。

结合上述各点，碳原子以"四不"——不大、不挑、不是固相、不导电——的特质，使它能成为生命体中傲视同群的最佳原子，构成几乎所有生命物质的主要成分。

如果下次遇到有人问你为什么生命体主要由碳元素构成时，你就可以斩钉截铁地说："是碳不是硅"（Carbon, not silicon）。

电子跃迁与激光效应

□ 郭艳光

　　自然界的物质是由各种不同的原子或分子所组成的。量子论告诉我们，每一个原子或分子皆有其特定的能阶，而原子或分子内的电子只能存在这些特定的能阶中。当一个光子与一个原子或分子相遇，而这个光子的能量刚好等于此一原子或分子某两个能阶间的能量差时，低能阶的电子可能吸收这个光子而跃上高能阶，在这种情况下入射光的能量被吸收了。但另一方面，高能阶的电子也可能受这个光子的刺激而跃下低能阶。当电子由高能阶受激而跃下低能阶时，会释放一个与入射光子能量相同的光子，因此，在这种情况下入射光的能量被增强了。根据爱因斯坦的理论，低能阶的电子吸收入射光子而跃上高能阶，与高能阶的电子受入射光子刺激而跃下低能阶的几率是一样的。因此，当一道光经过某一特定物质的时候，其能量（或光子数目）会衰减或被放大，完全要看相关能阶上的电子数目而定。如果低能阶的电子数目多于高能阶的电子数目，能量会衰减（光子数目愈来愈少）；反之，如果高能阶的电子数目多于低能阶的电子数目，能量会增强（光子数目愈来愈多）。

电子能阶图

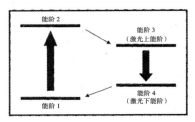

图 49　简化之电子能阶图

一个原子或分子的能阶个数，就理论而言是无限多的，但与激光效应相关的能阶则不多[1]。图 49 所示为一简化之电子能阶图，激光系统所使用的活性介质由无数个原子或分子所组成，活性介质内数量庞大的电子在室温时大部分都处在最低能量状态[2]。为了达到放大能量的效果，我们需要设法将相当数量的电子赶到高能阶上去[3]。当电子被提

物理新论

----

[1]　与激光效应相关的能阶，我们称之为激光的"特性能阶"。

[2]　最低能量状态称为"基态"，即图 49 中之"能阶 1"。

[3]　将电子提升到高能阶的方法依个别激光系统而定，例如一般的气体激光常借由高压放电激发电子，液态的染料激光大多使用其他气体激光来提供能量，固态激光使用强力闪光灯或激光二极体，而半导体激光使用注入电流的方式等。

升到高能阶（能阶2）之后，一般而言，会在极短时间内释出部分能量继而跃迁到某一次稳能阶（Meta-StableLevel，能阶3）。一个良好的激光活性介质通常都会有至少一个的次稳能阶，在次稳能阶的电子可以停留比较久的时间[①]。当然，如果没有其他因素影响，次稳能阶的电子在若干时间之后，会自然地跃迁到某一较低能阶（能阶4）而释放出光子。但是，如果此时有一光子进来，而此光子的能量恰好等于能阶3与能阶4之能量差，能阶3的电子会受激而跃迁到能阶4，并且放射一个与入射光子相同能量的光子。在能阶4的电子随后会很快地回到最稳定的能阶1（即所谓的基态）。

经由自然跃迁所释放的光子群，除了能量是相近的之外，光子与光子间没有太大的关联。但是，经由受激跃迁所释放的光子群，除了有相同的能量、波长与频率外，光子与光子间的相位（Phase）与行进方向也是一样的[②]。由于激光具有高度的方向性与同调性（Coherence），同时也有窄频与可被调变的特性，无论是在光学、通信、切割、医疗，乃至于人们的日常生活，都扮演着重要的角色。

如图49所示的激光系统为"四阶激光系统"，其中能阶3是激光上能阶，能阶4是激光下能阶。电子自能阶3跃迁到能阶4所释放出来的光子其能量等于能阶3与能阶4间的

---

① 电子在次稳能阶所能停留的时间称为此次稳能阶的生命期（Lifetime）。
② 就量子力学的观点而言，受激放射的光子与入射光子是完全相同而不能分辨的。

能阶差，而这些光子的波长也就是这个激光的波长，著名的Nd：YAG 激光即是此一激光系统的典型代表。如果激光下能阶是基态（即能阶 4 等于能阶 1），我们称此激光系统为"三阶激光系统"，红宝石激光[①]即为一典型的代表。一般而言，四阶激光系统效率较高，比较容易产生激光。

激光系统架构图

图 50 所示为一简化之激光系统架构图。激发系统（Pumping System）的功能在于将众多活性介质内的电子，自基态直接或间接地提升至激光上能阶。由于电子自激光上能阶跃迁到激光下能阶时可以释放出光子，进而达到放大入射光强度的效果，因而在此激光系统中是扮演"增益"的角色。而激光镜面则提供一个光学回路，使激光得以来回震荡，达到持续放大的效

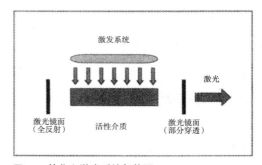

图 50　简化之激光系统架构图

果。当然，至少有一个激光镜面必须是部分穿透的，如此，部分激光才能自激光系统中释出，为我们所用。

另一方面，在激光系统中存在着各种损失：各光学元件

---

① 红宝石激光是人类所开发的第一具激光。

（激光晶体、激光镜面等）的表面与内部如果有缺陷，会造成光强度的损失；激光镜面的部分穿透也会造成激光腔内光强度的损失。当一个激光系统自激发系统获得的增益大于所有损失的总和时，激光腔内的光强度会持续地被放大，进而开始放射激光。在激光放射的过程中，由于当光经过活性介质时会刺激激光上能阶的电子，使其跃迁到激光下能阶，激光上能阶的电子数量会逐渐减少，使得增益随着逐渐变小。当增益小于所有损失的总和时，激光腔内的光强度会转而变弱，直到完全没有激光。如果激发系统一直保持在工作的状态，活性介质基态的电子会持续被提升至激光上能阶，另一个产生激光脉冲的循环于是再度展开。

　　有趣的是，某些物质除了可以作为激光的"活性介质"外，也可以被用来吸收光子[①]，避免激光系统产生早期震荡，其目的在于产生强而有力的激光脉冲。在这种特殊的情况下，这个物质所扮演的是"可饱和吸收体"的角色。

使用可饱和吸收体的固态激光系统

　　图 51 所示是使用可饱和吸收体的固态激光系统，除了激光系统中必备的活性介质以外，此激光系统还使用了一片可饱和吸收体。这一片可饱和吸收体我们又称之为"被动 Q 开关"，在这里，"Q"代表"Quality"，是"品质"的意思。

---

① 　可以被用来吸收光子的条件是此物质的能阶 2 与能阶 1 间的能阶差必须等于入射光子的能量。

一个激光系统的 Q 愈高，
激光腔内的损失愈低；反
之，如果一个激光系统的
Q 愈低，激光腔内的损失
愈高。

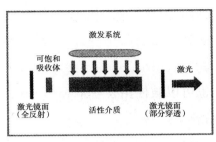

图 51　使用可饱和吸收体的固态激光系统

　　"被动 Q 开关"的工
作原理是：在激发系统（例如固态激光用的闪光灯）工作的
初期，激光腔内的光强度不高，可饱和吸收体内的电子大部
分处于基态，对入射光的吸收能力强，因此激光腔内的损失
较高（Q 较低）。一段时间过后，当激光腔内的光强度转强
时，可饱和吸收体内的电子大部分自基态被提升至高能阶，
以致无法再吸收入射光（此时可饱和吸收体变透明），因此
激光腔内的损失在瞬间变低了（Q 变高）。一个激光系统要
让可饱和吸收体变透明是需要时间的，在这一段时间内，激
发系统会将数量庞大的电子送到活性介质的激光上能阶，因
此在可饱和吸收体变透明之后，激光可以释放出强而有力的
窄脉冲激光。由于整个过程当中，Q 值由低变高，像是"开
关"一样，因此称为"Q 开关"。又由于其开关机制依入射
光的性质而定，不是我们所能主动控制的，因此我们将可饱
和吸收体归类为一种"被动 Q 开关"。

　　现在我举一个例子来说明上述被动 Q 开关的工作原理。
Cr: YSO 是一个相当有用的激光晶体，如果使用强力闪光灯
作为激发系统，并且选用适当的激光镜面，在室温时它可以

发出波长为 1.25 微米的激光。由于 Cr：YSO 晶体在红宝石激光与 Cr：LiCAF 激光①的波长有很强的吸收峰，我们的实验发现 Cr：YSO 除了可以作为一个激光的活性介质以外，它也可以被使用于红宝石与 Cr：LiCAF 激光系统中，作为可饱和吸收体。

Cr:LiCAF 激光与 Cr:YSO 可饱和吸收体

现在，我们以 Cr：LiCaF 激光为例，使用电脑模拟的方法来进一步说明电子与激光在使用 Cr：YSO 作为可饱和吸收体的激光系统中的动态行为。如图 52（a）所示，由于 Cr：LiCAF 不断地自激发系统（闪光灯）获得能量，增益随着时间增加（因为激光上能阶的电子愈来愈多）。激光上能阶的电子会经由自然放射光子，或受激放射的方式跃迁到激光下能阶。当激光腔内光子的数目还很少的时候（即光强度还比较弱的时候），Cr：YSO（可饱和吸收体）对光的吸收能力是很强的，因此整体激光系统的损失较高。但是，如图 52（a）所示，在一段时间之后，当增益高于整体激光系统的损失时，激光腔内光子的数目会被急速放大，继而经由受激放射产生激光。

图 52（b）是激光脉冲附近的放大图形。当光子的数目愈来愈多时，这些光子有一部分被 Cr：YSO 所吸收，使得

---

① Cr：LiCAF 是一种掺铬的 LiCAAlF₆激光晶体，其激光波长自 720 纳米至 840 纳米，是一种波长可调的固态激光。

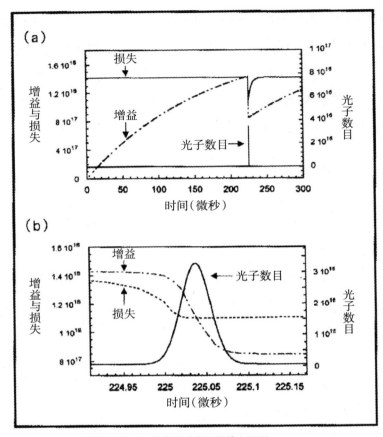

图52 (a) 电脑模拟结果 (b) 激光脉冲附近的放大图形

Cr: YSO 基态的电子一个个被提升到高能阶上。当 Cr: YSO
基态大部分的电子都被提升到高能阶的时候，Cr: YSO 对光
的吸收能力变弱了（甚至有可能变透明），因此由 Cr: YSO
造成的损失在瞬间变小了。由于此时增益远大于整体激光系
统的损失，光强度急速地被放大。而激光上能阶大量的电子
受到大量光子的刺激而跃迁到激光下能阶，使得增益在光强

度被逐渐放大的过程中随着逐渐地变小。当增益等于整体激光系统的损失时,光子的数目达到最高峰(此时激光最强)。此后,增益小于整体激光系统的损失,光子的数目愈来愈少,直到激光消失为止,这就是产生一个激光脉冲的过程。如果激发系统一直维持在工作的状态,此激光系统会持续不断地发射一个接着一个强而有力的激光脉冲。

　　由于上述激光系统使用了可饱和吸收体,使得整体激光系统的损失在初期提升了不少,因此激发系统必须花比较长的时间才能使激光系统累积足够的增益,以超越系统损失。而激发的时间愈久,激光上能阶累积的电子数目愈多[①]。当增益大于系统损失时,光子的数目急速增加。而可饱和吸收体所造成的损失急速减小,此时因为增益远大于损失,所以激光上能阶大量的电子可以在极短时间内受到大量光子的刺激而跃迁到激光下能阶,进而产生窄而强的激光脉冲,这就是被动 Q 开关的工作原理与目的所在。如果不使用可饱和吸收体,激光系统会比较容易产生激光,但是激光的强度会较弱。

半导体激光与可饱和吸收体

　　其实,可饱和吸收体的观念(即被动 Q 开关的原理)除了在固态激光系统中被广泛使用以外,在半导体激光也有重

---

① 　比没有使用可饱和吸收体时所能累积的电子数目高很多倍。

要用途。日本的研究人员已经用实验证明，在半导体激光的活性层（Active Layer）附近长一层薄薄的可饱和吸收体（也是半导体材料），可以使此半导体激光自然工作于脉冲模式[1]。理论与实验均证明，当半导体激光被应用于数位影音光碟（DVD）及电脑光碟等资料储存系统时，工作于脉冲模式在读取资料时的杂讯，会远低于连续波模式[2]。在半导体激光的活性层附近长一层可饱和吸收层，就可以使此半导体激光自然工作于脉冲模式，免除外加调变线路的麻烦与花费，真是一举数得！

---

[1] Pulse Mode，即激光输出是一个接着一个的激光脉冲。
[2] Continuous-WaveMode，即一直有激光输出。

量子力学、费曼与路径积分

□ 高涌泉

相对论与量子力学

毫无疑问的，20 世纪物理学中最重要的两个成就是相对论（Relativity）与量子力学（Quantum mechanics）。然而这两门学问诞生的方式与展现的风格，却大不相同。相对论（狭义与广义）出现时，就已经像一颗雕琢精致、光芒耀眼的钻石，是一件完美无缺的艺术品。其创造者爱因斯坦（A. Einstein, 1879—1955）从一个非常基本的物理原则，即"对称原理"出发，推演出一套几乎无懈可击的数学架构，所以相对论有一种非得如此不可的气势。难怪爱因斯坦曾很有信心地对朋友说："没有人在理解它之后，能逃离这理论的魔力。"

虽然相对论在一般人的印象里是一个非常玄妙深奥的理论，其实比较起来，描述微观世界规则的量子力学是更为怪异，几近于荒诞的学说。相对论可以说是爱因斯坦一人的心血结晶，而量子力学却是集众人之力，一点一滴累积起来的。不过在建立量子力学过程中，还是有一些关键时刻，特别是在 1925 年海森堡（W. Heisenberg, 1901—1976）发现：任何一个物理量都可以由一矩阵来代表。海森堡找到了这些矩阵所应遵循的方程式。海森堡的成功来自于他对实际物理现象的深刻了解，以及谁也无法解释的灵感。

在海森堡提出他的矩阵力学半年之后，薛定谔（E.Schrodinger, 1887—1961）发表了另一个方程式，也可以正确地计算出与实验结果相符的物理量。薛定谔的出发点是将物质（例如电子）看成是波动。这和海森堡依旧把电子当成粒子是截然不同的。不过人们很快地就理解到海森堡与薛定谔二人的理论在数学上是等价的（equivalent），所以我们终究只有一套而非两套量子力学。

先前笔者已提过，相对论是从一个非常自然的物理原则出发，继而推导出数学方程式。而在量子力学的情形则是在尚未能看清全局时，我们就已找到了适用的方程式。许多物理学者，包括一些对量子力学有很大贡献的人，曾以为人们

物理新论

150

很快就会发现量子力学出错的地方。没想到我们至今仍未碰到量子力学有任何不妥之处。这是非常惊人的；总之，尽管今天物理学者还在争辩量子力学方程式的物理意义为何，这些方程式的正确倒是毋庸置疑的。

理查德·费曼

在本篇文章中，笔者想介绍量子力学最有趣的一种数学表现方式，即理查德·费曼（Richard Feynman, 1918—1988，依发音应翻译成理查·范恩曼）所发明的路径积分（Path Integral）。这理论发表于 1948 年《现代物理评论》（Review of Modern Physics）期刊上。费曼其实更早在 1941 年就已完成这一工作。当年他才 23 岁，还是研究生。只因为第二次世界大战期间费曼投入曼哈顿（Manhattan）原子弹制造计划，所以延迟发表这一项在很多人的评价里是费曼最重要的作品。

费曼是 20 世纪后半期风头最健的物理学家，有关于他传奇事迹的中文书籍有不少读者。凡是读过《别闹了费曼》（Surely you are joking, Feynman）、《你管别人怎么想》（What do you care what other people think）或《天才的轨迹》（Genius）的读者，很难不着迷于费曼那热情的性格，独特的人生观及不凡的遭遇。

话说回来，让费曼在物理界成名的，倒不是路径积分而是他在量子电动力学上的贡献。特别是他所发明的费曼图，已成为理论物理学者不可缺少的研究工具。图 53 是费曼图的一个例子。这个图代表电子与电子的碰撞。

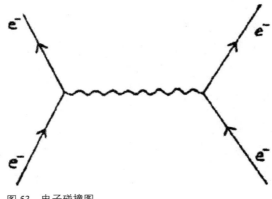

图 53　电子碰撞图

其中实线代表电子，波浪线代表光子（交互作用）。每
个费曼图除了给所要描述的物理现象一个非常直觉、清楚的
图像外，还可以帮助我们轻易而精确地分析这些现象。原因
是费曼有一套人们称为费曼法则（Feynman Rule）的步骤，
可以将费曼图对应到特定的数学式子。透过这个数学式子的
计算，我们就能定量地掌握费曼图所代表的物理现象。一般
而言，较复杂的费曼图（见图 54）所对应的数学式子，处

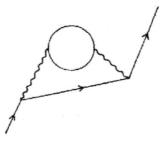

图 54　费曼图

理起来也比较困难，这往往要借助计算机才能得到结果。

第二次世界大战结束后，物理学家从武器研发工作回到学术岗位。那时量子电动力学是研究焦点。在众多逐鹿者之中，徐文格（J. Schwinger）与朝永振一郎（Sin Ichiro Tomonaga）最早得到突破，他们率先从复杂的计算中取得与精密实验一致的结果。费曼则以他的费曼图异军突起，甚至有后来居上的声势。朝永、徐文格与费曼三人的工作为20世纪后半众多理论物理进展打下基础，称得上具承先启后的枢纽地位。为此他们三人共同获得 1965 年诺贝尔奖。三人中较年轻的费曼、徐文格二人皆出生于 1918 年，也都因癌症于近年去世。二人都在年轻时已显露其数理天才，也都是很早就被认定会在科学上有了不起的贡献。二人之间有一种很微妙的，既是科学道路上的伙伴也是竞争者的关系。1945年，在美国发展原子弹的洛斯阿拉摩斯（Los Alamos）实验室，费曼与徐文格第一次见面。那时两人只有 27 岁，而徐文格已发表有二三十篇文章，算是小有名气。费曼对徐文格说："我什么都还没作出来时，你却已在一些事情上留下名字了。"费曼那时不知道，假如他们二人自第一次见面起就不再有新作品，从后代眼光看，费曼凭他的路径积分就足以和徐文格分庭抗礼、平起平坐，甚或还略胜一筹的。

古典力学

回到本文主题，以下笔者就要介绍路径积分。这得从古

典力学讲起。古典力学的核心是牛顿运动方程式，这方程式可以描述物体（如粒子）的运动轨迹。它的形式是大家都很熟悉的

$$F = ma \quad (1)$$

其中 F 代表物体所受的力，m 是物体质量，a 是加速度；也就是物体所在位置对时间的二次微分。一旦知道物体在某一时刻 t_i 的位置 x_i 及其速度 v_i，我们就可以经由解牛顿方程

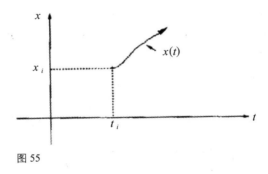

图 55

式（1），得到物体在 t_i 以后时刻的轨迹（见图 55）。

最小作用量原理

自 17 世纪牛顿发表他的名著《自然哲学的数学原理》阐明其力学原理以来，人们仍不断地在充实古典力学的数学架构。除了靠解微分方程式以求得运动轨迹之外，另外还有一个从表面上看很不相同，但其实在数学上是等价的方法，也就是从积分观点着手的"最小作用量原理"（least action principle）。这个原理的叙述是这样的：

物理新论

若我们要知道当物体从（t_i, x_i）时空点走到（t_f, x_f）时空点，到底是循着哪一条路径 x (t) 时（见图56），在无穷多可能的路径中，笔者只代表性地画了三条路径〔x_1 (t), x_2 (t), x_3 (t)〕，我们只要计算一个积分：

$$S\,[x\,(t)] = \int \{mv\,(t)^2/2 - U\,[x\,(t)]\}\,dt \qquad (2)$$

在积分式子中，v (t) 是物体在 t 时刻的速度，所以也就是动能，$v\,[x\,(t)]$ 是物体在 x (t) 位置的位能。把任何一条路径 x (t) 代入式（2），都有一个相对应的值 $S\,[x\,(t)]$，S 被称为作用量（action）。物体真正走的路径只有一条，让我们把它记作 x (t)。x (t) 的特点就是：它所对应的作用量 S (x (t)) 其他所有不对的路径所对应的 S 值都还要小。亦即 $S\,[x\,(t)]$ 是 $S\,[x\,(t)]$ 函数的极小值（见图57）。

我们可以从数学上证明对应到最小作用量的路径【浏览原件】，也满足牛顿运动方程式。在微积分中，我们若要求某一个函数 f (x) 的极大或极小值，我们只要算 f (x) 的微分 f' (x)，而后找 f' (x) $=0$ 的解就可得到答案。前面提到的

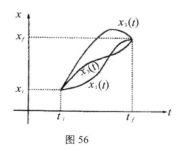

图 56

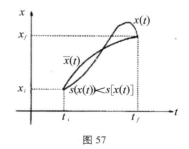

图 57

作用量 $S[x(t)]$ 并不是一般的函数，因为一个点 x 无法经由 $S[x(t)]$ 对应到一实数，而必须有一整条路径才可成立这对应关系，$x(t) \rightarrow S[x(t)]$。不过我们仍然可以把 $S[x(t)]$ 看成一个广义的函数（泛函），而用类似微积分中求极值的办法去求 $x(t)$，并证明它是牛顿方程式的解（对细节有兴趣的读者，可参阅任何一本理论力学教科书或是费曼非常有名的《物理学演讲》（Feynman Lectures on Physics）中的第二册十九章）。

从最小作用量原理的观点来理解古典力学，我们得到的是一个与微分观点截然不同的意象。我们并不是一小段一小段逐步地推算出物体的轨迹，而是将所有可能路径拿来比较，找出给我们最小作用量的路径。在某一些问题中，最小作用量原理其实比微分方程式更方便。

量子世界

古典力学的架构虽完备，却不能适用于原子尺度大小的微观世界。在那里我们得改用量子力学的法则，而这些法则是我们完全无法从在古典力学里所获得的经验去理解的。在古典物理中，我们可以同时测量在某一时刻物体的位置与速度（动量），所以可以得知往后物体运动的情形。但在量子世界里，我们不能同时测知物体的位置与速度，所以无法完全掌握物体动向（即测不准原理）。也就是说，我们得放弃"物体运动是循着某一特定路径"这一概念。

若经由测量，我们得知某物体（例如电子）在 t_i 时刻位于 x_i 位置，我们并不能确知在 t_f 时刻（$t_f > t_i$），物体会在哪里。量子力学能够告诉我们的是：如何计算物体在 t_f 时刻可能位于 x_f 的几率有多少。我们将这几率记作 $P(t_i x_i \to t_f x_f)$。要知道 P，得先计算一个叫做几率振幅（probability amplitude）的复数 $\langle t_f, x_f | t_i, x_i \rangle$（这记号是量子力学创造者之一狄拉克（Dirac）发明的）而几率 P 就等于

$$P(t_i x_i \to t_f x_f) = |\langle t_f, x_f | t_i, x_i \rangle|2 \qquad (3)$$

　　因为几率振幅（由它可推导出许多读者可能知道的"波函数"）本身是复数，不可能是一个可测量的物理量，所以它的物理意义一直为人争论不休。在此笔者不谈这一棘手的问题，我们要学的是费曼计算几率振幅的办法。费曼给了以下一个算式：

$$\langle t_f, x_f | t_i, x_i \rangle = e^{i \frac{S(x_1)(t)}{\hbar}} + e^{i \frac{S(x_2)(t)}{\hbar}} + e^{i \frac{S(x_3)(t)}{\hbar}} + \cdots\cdots$$
$$= \sum_{\text{所有的路径 } x(t)} e^{i \frac{S(x(t))}{\hbar}} \qquad (4)$$

　　方程式右边的 $S[x(t)]$ 是路径 $x(t)$ 的作用量，是普郎克常数除以 2π（严格讲，必须在（4）式右边乘上一个常数 A，A 可由几率守恒的条件来决定）。也就是说，要得到几率振幅，我们需要计算所有从（t_i, x_i）时空点到（t_f, x_f）时空点可能的路径［例如 $x_1(t)$, $x_2(t)$, $x_3(t)$，见图 56］所对应的作用量，然后计算 $eis[x(t)]$，并将它们加起来。因此

在量子力学中除了对应到最小作用量的古典路径之外，其他在古典世界中不会出现的路径，也有不可忽视的作用。

路径积分

我们也可以把（4）式写成积分的形式：

$$\langle t_f,\ x_f | t_i,\ x_i \rangle = \int [dx\ (t)]\ e^{\frac{S\ (x(t))}{\hbar}} \qquad （5）$$

不过它的内涵和（4）式是完全一样的。因为我们要将所有路径的贡献积（加）起来，方程式（5）的右边就被称为路径积分。它最大的好处就是给几率振幅一个很图像式的诠释角度。让我们比较可以从几何的观点而非纯代数操作的角度来理解量子力学。

路径积分另一个长处是：很容易看出在数学上量子力学是如何和古典力学连接起来。于古典物理中，是不扮演任何角色的。所以如果在（5）式中让$\hbar$趋近于零，我们应该要看得出古典力学的架构。费曼指出当$\hbar \to 0$时，只有古典路径对（5）式的积分有贡献，其他非古典路径的贡献互相抵消掉了。这一点曾让费曼的指导教授惠勒（Wheeler，他在原子核及黑洞的研究领域，有杰出的成就）非常高兴，因为它让我们更明白量子力学是如何过渡到古典力学的。惠勒还特别跑去见爱因斯坦，希望费曼的新观点能说服爱因斯坦接受量子力学。爱因斯坦抗拒量子力学的理由相当深奥，所以他还是未被惠勒转化成量子力学的信仰者。不过惠勒如此积极的反应，可代表一般物理学者给路径积分的评价。

目前费曼的路径积分、海森堡的矩阵力学及薛定谔的波动力学，可说是量子力学理论三个最重要的数学表现形式。这些不同的形式都各有其优点。近年来，路径积分在量子力学之外，也渗透进统计力学及数学中的几何、拓扑等领域。数学家发现他们也得懂一点路径积分才能阅读最新的数学成果。一些数学家也努力于为路径积分建立一严谨的数学基础。我们可预见：在未来，路径积分会是一更广阔蓬勃的研究领域，这是其发明者在五十年前完全没有想到的。

最后笔者必须说明，费曼发明路径积分的灵感，来自狄拉克发表于 1933 年的一篇文章。狄拉克的文章提出一个问题：古典力学中很重要的作用量这个观念是如何出现在量子力学中的？〔海森堡与薛定谔的理论只运用了古典力学中的汉密尔顿量（Hamiltonian）〕，而狄拉克自己也给了初步的答案。我们可以说路径积分是两位天才合力建造出的一个美妙理论。

附录：汉密尔顿量

古典力学中的汉密尔顿量（Hamiltonian），一般记作 H，基本上就是能量。也就是

$H = (1/2) mV^2 + U(x) =$动能＋位能。

在本文中，我们介绍了作用量 $S[x(t)]$〔见（2）

式〕，$S\left[x\left(t\right)\right]$ 是函数

$$L=\left(1/2\right)mV^2-U\left(x\right)=动能-位能$$

于路径 $x\left(t\right)$ 上的积分值。L 被称为拉格兰其量（Lagrangian）。汉密尔顿（W. R. Hamilton, 1805—1865）与拉格兰其（J. L. Lagrange, 1736—1816）皆是于古典力学有重大贡献的数学家。

在海森堡的矩阵力学中，汉密尔顿量 H 成为一个矩阵，而海森堡的力学方程式为：

$$i\hbar\partial\psi\left(t,x\right)/\partial t=x\left(t\right)H-Hx\left(t\right)=\left[x\left(t\right),H\right]$$

其中 $x\left(t\right)$ 也是矩阵，代表物体的位置。

H 在薛定谔的波动力学中，变成一个数学算符（operator），它可以作用在函数上。薛定谔有名的波动方程是：

$$i\hbar\partial\psi\left(t,x\right)/\partial t=H\psi\left(t,x\right)$$

其中 $\psi\left(t,x\right)$ 是波函数，代表物体出现在 $\left(t,x\right)$ 时空点的几率密度。

时光隧道：虫洞

□ 郭中一

　　近些年来，研究重力的理论物理学家，投入极大的心力，以此特例测试我们已知的物理法则的逻辑结构，特别是决定时空结构的相对论的适用性以及相对论和量子论的相容与否。

科幻到科学中的星际之旅

　　起因是天文学家萨根（C. Sagan）在着手撰写一本科幻小说《接触》（Contact）时，考虑到是否能以黑洞一类的时空结构作为书中星际旅行的桥梁，便向研究重力的加州理工学院的物理学家索恩（K. Thorne）询问，是否可能以现知的物理定律在原则上建立可供星际旅行的时空结构（见图 58、59）。

索恩及门生莫理斯（M. S. Morris）和尤瑟福（U. Yurtsever）着手研究，方法是逆向而行，先探求做星际之旅，

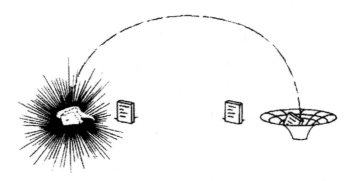

图 58　时空中的奇点，可能有两种，一种是宇宙初始时的大爆炸（图左），一种是重力崩溃所造成的黑洞。

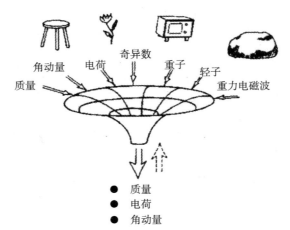

图 59　黑洞将吸引物质一视同仁，有入无出。但是无论原有物质带有何种信息，进入黑洞后，只有质量、电荷和角动量三者可知。黑洞因为有视界存在，所有指向未来的粒子路径，都不可能越过，所以无法作为星际之旅或时间机之用。

所需的时空结构要求为何。所谓星际之旅，指的是在我们原有的时空之外，另开一个新的孔道，能够在很短的时间内，达到原本空间距离很远、旅行会耗时甚久的地方。假设有这种可供旅行的时空结构的存在，进一步再问如此的时空几何需要何种的物质状态才能产生。

所谓可供旅行的孔道，必须两端开口都是稳定的，不会突然消失。孔道内部的时空，必须相对稳定，不会将旅游者撕扯至危害生命的程度。旅行时间必须够短，至少不能长过人的寿命。如此的孔道，才是我们所需要的，才是可用的星际旅行的桥梁。

索恩发现，黑洞具有所谓的事件视界（event horizon），它的功效就像是一个半透明性的薄膜，只容许物体向黑洞内部掉落，而不容许物体向黑洞外部冒出。可供旅行的孔道必须是可供旅行的虫洞（traversible wormhole）。虫洞可以两边通透，在时空中恰如蠹虫蛀蚀所造成的孔道一般。

索恩所设想的时光隧道，是所谓的罗伦兹虫洞（Lorentzian worm-hole），两端各是一黑洞，中间是由瓶颈状的虫洞相连。罗伦兹虫洞不同于欧几里得（Euclidean）虫洞，后者是时间成为虚数的重力方程式的解，可视为产生出时空几何的事件，并非稳定的时空几何形态。对这两个相连的黑洞，我们可指定一个时向，那么在出口的黑洞，时序是逆转的，因为是物质的出口，所以也可看做是白洞（white hole）。

虫洞存在的可能性，最早是广义相对论中的黑洞解发现

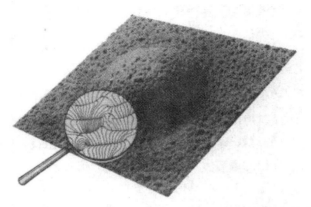

图 60　惠勒认为，在极小的时空尺度，量子效应显著，时空的结构会剧烈起伏，成为所谓的"时空微沫"。

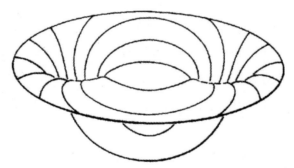

图 61　早期认为虫洞可能可以提供统合物理的方法。惠勒称之为"几何动力学"，希望完全用几何方法处理所有的物理现象。虫洞是一种几何形态，但是将之用于电磁现象的解释上，可以将虫洞的两端视为正负电荷，电力线的分布就必须遵循虫洞几何。如此并可以解释电荷守恒的现象，因为虫洞一定有两个开口，正负电荷若产生或消灭，必须成对。

不久之后就已清楚的。广义相对论是爱因斯坦发明用以处理时空几何的物理理论，在广义相对论中，以弯曲的时空解释重力现象，所以物体周围的时空，会因物体质量的作用而弯曲。另一方面，物体受重力作用，可以解释为在弯曲的时空中，物体沿距离最短的极端线（geodesic）前进。简而言之，广义相对论的内涵便是："物质告诉时空如何弯曲，时空告诉物质如何运动。"

索恩的业师惠勒（J. Wheeler）所领导的普林斯顿学派所细心探究了虫洞在时空基本结构上所扮演的角色。他们在考虑时空的量子效应时，设想由于时空几何的量子起伏，巨观上平滑的时空几何，可能在微观上有急遽的变化。恰如大海远观看似平静无波，近看却波涛汹涌，时起时伏。像这样宛如海绵的微观时空结构，称为时空微沫（spacetime foam）（见图 60、61）。

如何由无虫洞的时空产生出巨观的虫洞来，至目前尚未可知，也许我们可以由时空几何的量子起伏所造出的时空微沫开始，将之以某种物理过程放大（例如宇宙的暴胀），成为巨观的虫洞。但是我们可以探究维系巨观的虫洞，需要何种物理条件。

特异物质

要维系可供旅行的虫洞，必须有负能量密度的特异物质（exotic matter），这种物质的压力值为负，可以撑住虫洞，使它不致闭合。这种物质状态，可以有几种方式达到，其中可以运用量子场论中的真空性质。量子场论中的真空定义是最低能量的物理状态，而且真空可以不止一个。我们将其中一个真空作为标准，令其能量密度为零，则其他量子真空的能量密度便可能有负值产生。当然，选择作为标准的真空并不是随意的。我们在此选择作为标准的合理真空，是空无一物的平直空间的物质状态。

这种现象称为卡西米尔效应（Casimir effect），是 1948 年时由卡西米尔（H. B. G. Casimir）发现。原因在于以量子场的观念来看，真空并不是空无所有，而是所有可能的场分布的和，而所有这些场分布总和的物理效应，和真空一致，如电荷为零、能量为零等。

卡西米尔举了一个最简单的例子，也就是比较空无一物的平直空间和两片平行的无限大理想导电板间的真空。在空无一物的平直空间中，各种电磁场都有可能存在，空无一物的平直空间中的电磁场真空就是这所有电磁场的和，它的能量密度为无限大，但是能量密度是个可以调整零点的量，所以我们可以定义空无一物的平直空间中的电磁场真空的能量密度为零。而对两片平行的导电板间的电磁场，则须符合理想导电板上电场为零的条件，否则不为零的电场必然引起理想导电板上的电流，此种电流会耗散掉相对应的场分布，使其无法存在。所以两片平行的无限大理想导电板间的电磁场分布，只能是在两片平行的导电板上为零的电磁场分布。这些电磁场分布的总和，便是两片平行的导电板间的电磁场真空，它的能量密度和空无一物的平直空间中的电磁场真空的能量密度相比，差值为负数，意谓两片平行的导电板间的电磁场真空的能量密度是负的（见图 62）。

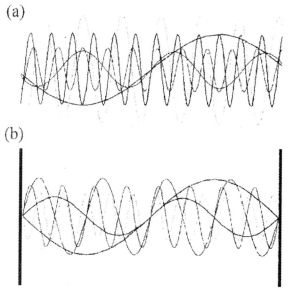

图 62　图 (a) 中是空无一物的真空中，各种不同波长的场分
量都有可能存在，总和恰等于真空值。例如其能量便定义
为零，也就是说空无一物的真空能量取为能量零点，所有
其他的场分布的能量都是与其他较而得图 (b) 中如果我们
在真空中置入两片平行导电板，在导电板上，只有振幅为
零的场才能存在，基于此种考虑，此两导电板间的空能量
便是负值。

　　如果卡西米尔是对的，那么两片平行的导电板间应有吸
引力，力的大小和两片平行导电板间距离的六次方成反比。
1985 年，美国麻省理工学院的史巴内（M. Y. Sparnaay）在
实验室中测到了这样的吸引力，证实了卡西米尔效应。

百年来的时光机梦想

　　索恩随即发现，有了可供星际旅行的虫洞之后，便不难

在原理上建构出可供回到过去的时光机来。

　　设想虫洞的两端，原本处于相同的时间，我们将其中一端（如图 63 右端）以接近光速的高速拉到远处，再拉回到原处。若加以比较，可以发现，拉到远处后再拉回到原处的虫洞端，其时间过得较慢，因而在拉回到原处后虫洞右端的时间较虫洞左端的时间为早。也就是经由如此运动的虫洞所

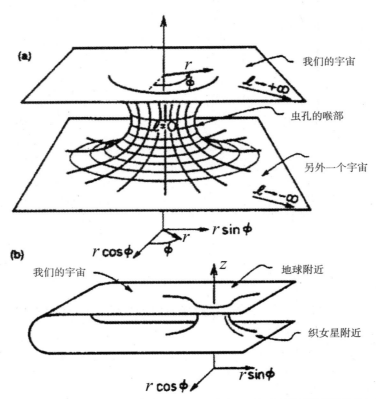

图63　图 (a) 中虫洞两端可连接不同的两个宇宙图 (b) 中虫洞两端所连接的如果是同一个宇宙的遥远两端，则可作为星际之旅。例如其中一端在地球附近，他端在织女星附近，则可提供一个迅捷的星际便道。

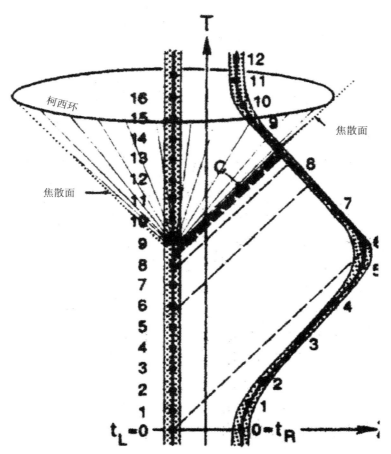

图 64 图中我们将虫洞的两端在 t = 0 时并排。然后将右方的虫洞口快速移动，造成狭义相对论的时间膨胀效应，再将其带回到另一虫洞附近，如此两端比较，便可以有时间先后的极大差距。如此原本在时空中相近的两点，就可以借此方法造成在时序上的差异或颠倒，也就是造出时空机来不成问题。

作的星际旅行，由虫洞左端旅行到的虫洞右端后，我们可以回到过去。此种过程，近似狭义相对论中的双生子佯谬（twins paradox）。双生子佯谬中，我们将双生子中其一以高速带到远处，再带回到静止于原地的另一双生子身边。结果因为以高速运动的双生子之一的坐标系内时间膨胀的效应，以高速运动的双生子之一，年纪会较他的兄弟为轻。

先前虫洞之外的时空，原有时序的先后，但是以虫洞以适当的方式连接后，可以由未来的这部分时空区域，经由虫洞，迅速地到达过去的这部分时空区域，在旅程上形成封闭的时性路径（closed time-like path）。也就是沿此时空路径，都是依着时序向未来前进，但又回到过去。此处要求时性路径，自然是因为所有的物质运动，都是连续，而且可以指定先后的（见图64）。

这种狂想正好恰符一世纪前（1895年）英国科幻小说大师威尔斯（H. G. Wells）的科幻小说《时光机》（Time Machine），但是探讨它在科学中的可能性，这虽然不是第一次，却较已往认真得多。

时序不可乱

索恩的提议问世后，自然众说纷纭，英国剑桥大学的霍金（S. W. Hawking）便提出极为强烈的反对意见。以常识层次来说，如果有时光隧道存在，你可以设想自己回到过去，枪杀自己的母亲。霍金嘲讽这种做法，不但不合伦理，也背反因果律（causality）。因为你若能枪杀生母，自然就不会有你存在的未来，回头去执行此一冷血的谋杀。他因此提出一个时序保护的假说（chronology protection conjecture）：如果要将时性路径弯曲到连接自身，在它闭合之前，便会产生时空奇点（space-time singularity）。在时空奇点处，时空曲率无限大，重力无限强，物质密度无限大，所有的物理定律都无法适用。也就是用来建构虫洞的物理定律，在造出虫洞之前便已失效。霍金在此之前并指出，虫洞颈部的量子起伏可能甚大，大到足以摧毁虫洞的时空结构。

索恩本身，对量子起伏有不同的估算，他认为造成虫洞所需的物质量子起伏甚小，只会使时空略为波动，不致影响虫洞的整体结构。两人争执不下，重力物理界也莫衷一是。但是因果律的背反问题，却是亟须解决，无可逃避的。

除了由无到有，可能遭遇的物质的量子起伏外，相关的问题，如维持虫洞的特异物质所造成的量子起伏，及其相对应的时空几何起伏，有许多间接证据显示都可能甚大的情况之下，采用特异物质的必要性，也成为探讨的课题之一。

逆伦血案和量子撞球

为彻底分析这一问题，索恩和门生设计出所谓的量子撞球（quantum billard balls）问题，借以厘清思路。这一做法，可以取代前述的逆伦谋杀，比较不那么血腥，也可以避免讨论杀人犯的自由意志问题，完全限制在物理上是否可能的讨论。

171

　　这项思想实验（Gedanken experiment）的设计是如此的：我们将一撞球置于虫洞的入口，而将出口对准撞球本身。那么撞球经由虫洞出来后，会在先前的自己进入虫洞前，便将它撞偏，于是进不了虫洞，与原先的设定产生了因果上的矛盾。这是先前逆伦血案的简化版本，保留了所有物理本质，去除了血腥的枝节。

　　实验的结果有两种可能：一是撞球自虫洞出来后，怎么也对不准先前的撞球，因而违反了因果律（因为我们原本假设撞球会进入虫洞）；一是撞球自虫洞出来后，的确会将先前处于虫洞口的自身撞偏，因而保存了因果律。后面这种保存因果律的可能性，在逆伦血案的例子中，就好比这个逆子，虽然能够回到过去，但在弑母时，不是总忘了带枪，就是子弹老是卡膛，再不然就是枪子儿必定跑偏。但是要如何以已知的物理规律，完成这一思想实验，并判断其可行与否，却是大费周章的事。

　　最近俄国物理学家诺维可夫（l. Novikov）终于完成这项思想实验的设计。他早在 1989 年，便指出这种实验需要一个判准的原理，经过数年努力，终于了解这项原理便是最小作用量原理（least action principle）。

　　最小作用量原理起自费玛原理（Fermat's principle），在力学中，它指的是粒子的运动路径，或是一个物理体系的运动状态所依循的路径，一定是使作用量为最小的路径。也就是最后采行的路径，其作用量值，一定比所有其他路径的作

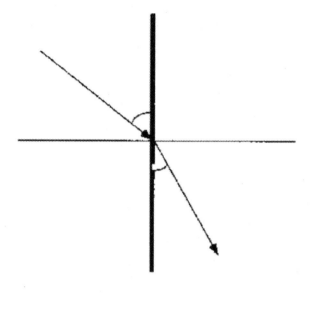

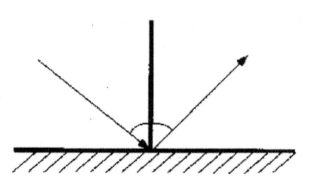

图 65 　(a) 图 中折射角与介质的关系，可以表为 斯内尔（Snell）
定律：$n_1\sin\theta_1 = n_2\sin\theta_2$ 图 (b) 中镜面造成的反射，入射角等
于反射角。两者都可以由光程的最小作用量原理或特称费马
（Fermat）定律导出。诺维可夫就是利用相同的原理，证明虫
洞的存在并不背反因果律。

用量值为小。对力学系统而言，作用量就是动能和势能之差对时间的积分。对光学系统而言，可以说是最小时间原理（least time principle）。也就是光线行走的路径，必然是费时最少的路径。光线在空中是直进的；或是由空气中射入水中，入射角和偏折角的关系；或是光线射在镜面上，入射角等于反射角，都可以由此原理导出（见图65）。

　　诺维可夫计算各种撞球路径所对应的作用量值，加以比较，结果发现，先前撞球不会被撞偏的路径作用量最小，也就是会发生的物理事件，并不会违反因果律。此外，许多其他的物理学家也发现，有可能将维持虫洞所需的特异物质，代之以其他较为平常的物质，更减少了一重困难与疑虑。

　　因此，在原则上，时光隧道存在的可能性已大幅提高。但是，实际上建构一个可供星际旅行的虫洞或是以虫洞做成的时光隧道，则显非本世纪内所能完成的。

急遽升温的超导

□ 吴茂昆

各位读者如果曾经看过《回到未来》（Back to the Future）电影系列，应该都会对在第二、三集出现的飞行车与飞行滑板印象深刻，希望自己能拥有类似的交通工具。如此愿景，由于高温超导体的发现，已不再是遥不可及的梦想。图66所示即是应用高温超导材料制作的一套磁悬浮展示装置。

图66　应用高温超导制的磁悬浮展示。超导体置于上端的低温容器内。注意玩偶与超导之间是悬浮的。

超导现象与原理

　　超导体的特性之一是：其于超导态时，电阻为零。也就是说，当电流通过材料时，不再有因电阻存在而产生的损耗。电阻突然消失的温度叫做"超导体的临界温度"，通常用 Tc 表示（图 67）。Tc 是物质常数，同一材料在相同条件下有严格确定的值。这个零电阻状态可用超导材料制作成超导环，检验其持续电流来验

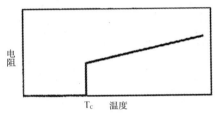

图 67　超导体之电阻与温度关系，Tc 是超导转变温度。

证。例如应用铅膜的实验结果推算，发现其电阻率的上限约为 4×10^{-23} 欧姆-厘米（Ω-cm）：依此推算，超导环持续电流存在的时间，将比目前所知宇宙存在的年代还要长。不过，在足够强的磁场或电流之下，超导体电性将被破坏。实验证明，在温度小于 Tc，且无外加电流时，当外加磁场大于一确定值——"临界磁场 Hc"，样品会回复到正常态。Hc 是温度的函数，温度降低时临界磁场升高。如果电流在不加磁场时通过超导体，则当电流超过一定数值后，样品也会恢复为有电阻的正常态。此破坏超导的最小电流值称为"临界电流 Ic"。在相当可行的近似下，Ic 与 Hc 约呈线性关系，所以 Ic 与温度 T 的关系也可以用近似的抛物线公式表示。然而，Ic、Hc 与 Tc 不同，它不单纯是物质常数，而与样品的

形状及尺寸也有关系。

　　超导体的另一特性是：具有完全的抗磁性（diamagnetism），或称为迈斯纳效应（Meissner effect）。迈斯纳于1932年实验证明，不论是先将样品降低温度使其低于 Tc，然后再外加磁场，或先加磁场再降温，只要磁场小于 Hc，磁场都无法透入超导体内部（图68）。此结果明确地验证超导体与所谓的"理想导体"是不同的。此特性是超导体呈现磁浮效应的主要原因。

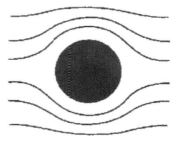

图 68　超导体的抗磁性。表示磁力线（曲线）无法穿透超导体。

　　自 1950 年证实超导的电子能谱存在一个能隙，并发现超导具有同位素效应后，超导理论的建立有了明确的方向。1956 年，库伯（Cooper）证明了在靠近金属费密面（Fermi Surface）的一对电子，如果它们之间存在净吸引力，无论此吸引力多么微弱，它们将形成一束缚态"库伯对"（Cooper pair，图 69）。此理论指出，两个具有相等大小，方向相反的动量（momentum）和自旋（Spin）的电子间，存在着最强的吸引力。根据此一理论基础，巴丁（Bardeen）、库伯及施里弗（Schrieffer）于 1957 年提出 BCS 理论，

图 69　两个在费密面附近的电子形成库柏对。

解释了超导电性的微观（microscopic）机制。根据 BCS 理论，金属中的电子间虽然存在经屏蔽的库伦排斥力，但是两个电子之间可以透过电子—声子（量子化的原子振动模）交互作用，使在费密面附近具有相等动量、方向相反，及自旋方向相反的一对电子间，呈现相互吸引的作用力。只要此吸引力大于屏蔽库伦排斥力，两个电子即结合成库伯对，而超导态即为这些库伯对的集合态。

为什么电子形成配对后会出现超导现象？由牛顿力学得知，一系统之所以受力是由于该系统在运动过程中，其动量产生变化。金属内的导电电子在传导电力时，由于与其他电子、原子，或晶体内含的杂质发生碰撞，动量改变而产生阻力，此即电阻的来源。然而，当电子经某种作用力形成配对后，而配对电子的总动量为零。因此，只要此配对不被破坏，电子传输电力时其总动量维持不变，也就没有阻力产生。根据 BCS 理论的架构，考虑弱交互作用及理想的状况下，Tc 的上限约为 30—40K。这是 20 世纪 80 年代中期多数人认为超导温度不会超过 40K 的原因，所以过去一般认为 BCS 理论只适用于低温金属超导体。

低温超导的发展

自 1911 年荷兰莱登大学的昂尼斯（Kamerlingh H. Onnes）首次于汞（Mercury）金属发现超导现象，到 1986 年发现铜氧化物高温超导，发现的超导体总数超过 5000 种，其 Tc 的提升平均仅约为每年 0.3K。而以材料的发展观之，则经历了一个从简单到复杂，由一元系、二元系、三元系到多元系的过程。从 1911 年至 1932 年间，以研究元素超导体为主；1932 年至 1953 年间，则发现了许多具有超导电性的合金，并于与食盐（NaCl）具相同结构的过渡金属碳化物和氮化物，得到 Tc 高于 10K。随后，1953 至 1986 年间，发现了一系列 A15 结构及三元超导体，将 Tc 提升至高于 20K。在这段时间，材料制作技术大幅提升，完成了高性能超导线材及薄膜的制备，成功地建立高磁场超导磁铁及高灵敏度超导探测仪的制造技术。同时，成功地发现许多新的超导：如法国化学家谢尔夫发现的一系列硫化物、三元的硼化物 $ReRh_4B_4$（Re 代表稀土元素），以及重费密子超导（heavy fermion）等。遗憾的是，这些材料都无法突破铌三锗（Nb_3Ge，A_{15} 结构）超导体的 23.2K 纪录。

高温超导的发展

自超导体被发现之后，如何成功地将超导体的超导转变温度提升到液氮的蒸发温度（绝对温标 77 度，通常以 77K 表示），已成为科学界长期以来努力的目标。犹记得笔者当研究生时，指导教授（美国休士顿大学的朱经武院士）曾言，若我们发现具有 77K 转变温度的超导体，不仅立即可以毕业，而且毕业论文只需要一行字即可。过去将近四分之三世纪的努力，超导体的转变温度仅推至 23.2K。按此推进速度，要达到 77K 的界限，将约需 200 年。这正是 20 世纪 80 年代初期，超导研究逐渐不受重视的主要原因。

　　1986 年 9 月，著名的科学期刊"物理"刊登了瑞士科学家亚历山大·米勒（Alex Muller）及乔治·贝德诺兹（Georg Bednorz）的文章。他们发现一铜氧化物 La-Ba-Cu-O 可能存在超导转变温度高达 36K 的超导现象。同年 12 月初，在美国波士顿举行的材料科学年会的会场，朱经武院士与东京大学的北泽宏一（K. Kitazawa）教授分别证实 La-Ba-Cu-O 确实存在 36K 的超导转变。确切的超导相随后被证实为呈 K_2NiF_4 钙钛矿（perovskite）层状结构，具有强的各向异性（anisotropy），而其化学组成为 $La_{2-x}Ba_xCuO_4$，超导温度随 Ba 的含量改变，当 X ＝ 0.15 时，达到最高。

　　波士顿会议后，引发了一连串更高温新材料的发现。在会后不到两星期，美国贝尔实验室的卡瓦（Robert J. Cava）博士与当时在阿拉巴马大学的笔者，分别发现以锶（Sr）取代钡（Ba）的 La-Sr-Cu-O 可将超导温度提升到 4lK。同时朱经武院士的研究小组发现，应用高压方式，La-Ba-Cu-O 可有高达 60K 的超导转变，显示铜氧化物材料可能存在高于 77K 的超导。果然，到了 1987 年 1 月 27 日，笔者的研究小组首先证实 Y-Ba-Cu-O 材料具有约 95K 的超导转变；隔日，在朱经武院士的实验室，我们重复验证，得到相同的结果，并且在高磁场下的测试，指出其于绝对零度时的临界磁场可高达 130 万高斯（地磁的强度约为 0.5 高斯），确定高于 77K 超导体的存在，使高温超导成为学术界最主要的研究课题之一，目前高温超导材料已超过两百多种。

高温超导的机制

高温超导材料最主要是一系列含铜氧化物。若依据材料的原子排列结构分类，可概分为 29 类。若从构成的元素来区分，则有近百种不同的材料。这些材料，虽有微细结构上的差异，但可归纳如金字塔或平面结构表示铜元素与氧原子的排列方式，例如金字塔形状部分表示底部中心有一铜原子，金字塔各顶点则为氧原子的位置。标示第一个的是金属原子如钇、铊与铅等位置；第二个是 Ba；第三个是 Ca 等阳离子所在的位置。这些阳离子的存在不仅提供了结构稳定所需的支架，某些情形也扮演提供导电离子的角色。

从图 70 可知，铜氧化物高温超导系统具有一准二维的铜氧平面。这些材料无论是在未形成超导态，或在超导状态，其电性及磁性行为均由此准二维的铜氧平面所主导。这些准二维的铜氧层，在化学平衡状态下，原为不导电的绝缘体。由于每个铜原子上正好各有一个电子，电子间的强烈排斥力，使电子无法由一个铜原子移到另一个铜原子上。若经过一适当的化学掺杂，使铜氧层上的部分铜原子失去一个电子，造成铜氧平面上出现空位，使得电子可以自由地从所占的位置跳到空位上，而呈现导电性。此现象好比一满座的演讲厅，当每个位子都有人占用，人无法移动。若有人离开而留下空

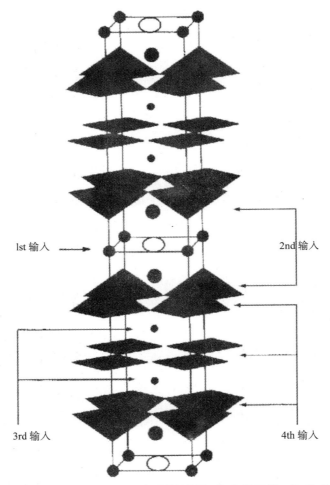

1st 输入 →

2nd 输入

3rd 输入

4th 输入

图 70　铜氧化物 $TIBa_2Ca_2Cu_3O_{9+x}$ 超导体结构图："1st"是 TI 数，"2nd"是
　　　Ba，"3rd"是 Ca，"4th"是铜的数目。因此简称"1223"，其他材料可
　　　依此类推。

位时，即可看到人潮的移动。空位的数目，随着参加的阳离
子数目或氧含量的多寡改变，材料的导电性也跟着改变。当
导电离子数目增加到一定数量时，超导性也就伴随而生。

对于超导性的形成，大家的共识是：导电粒子仍然呈配对而造成超导。但这些导电粒子是以何种方式形成配对？至今仍众说纷纭。针对超导的配对，主要有如下两大课题：一是造成配对所需的粒子间的作用力究竟为何？另一问题是这些配对电子波函数的对称性又是如何？前一个问题，目前理论可归纳为两大流派。一派人士主张配对一如低温超导，导电粒子间透过某种作用力造成彼此相吸而配成对，配对后即经由波色凝聚而产生超导。至于促成相吸的作用力，则有主张仍是由于晶格振动造成，也有主张是透过某种磁性作用力而来。另一派则认为带电粒子的配对来自完全不同的机制。主要的概念是认为由于铜氧平面的特殊磁性结构而形成特殊的基态，使得带电粒子在相当高温时即形成配对，到了较低温耦对数增加到临界值时再凝聚成超导状态。这两派理论至今各有实验证据的支持。

另一方面，关于配对粒子波函数的对称性，目前的实验绝大多数都支持所谓的"d 波对称"。此结果主要来自于铜氧化物超导体的特殊二维铜氧层结构。虽然目前高温超导理论机制仍有许多待厘清，但十年来累积的知识，已提供科学家们相当明确的方向。更重要的是，这些研究结果让科学家们对过去一直不清楚的"强电子作用系统"有了相当明确的概念。

高温超导的应用

超导体的应用一般可分成大型及小型两类，大型应用包括电力的传输、超导磁铁的制作及磁能储存器等。小型的应用则主要在微小讯号探测器、光探测器及交换（switching）元件等。高温超导上面临的问题包括：材料的机械强度，如何制成大面积、均匀的薄膜，以及长而连续又具均匀性的超导线材（或带材）；如何减低超导元件的噪音（noise）；制作高稳定性兼具强磁通钉札能力的块材（可用在轴承的应用等）等问题。很明显的，远景虽然可观，但要走的是一条荆棘遍地的路程。

此外，在高温超导应用上最令人兴奋的题目是：由于这些材料有许多异于传统超导的特质，也就可能在研究过程中衍生新的应用方向。底下略述目前超导应用发展的现况：

（一）发展各种磊晶薄膜成长技术，初步解决超导元件发展的瓶颈。

（二）成功的展示（demonstrate）可调频的微波滤波（filter）及共振（resonator）元件，但讯号的损耗问题仍待解决。

（三）应用超导量子干涉元件（SQUIDs）制作的原型（prototype）设备，成功地展示在地质探勘（geology）、心电图（cardiology）与非破坏性检测（non-destructive evaluation）等应用上。

（四）发展新且具高效率的低温制冷技术。

（五）成功的制作可负载 3000 安培，超过 50 米长的高温超导线材。

（六）马达的研究：于 27K 运转的交流同步（AC synchronous）马达，可得到 200HP 的马力；于 4.2K 运转的直流单极（DC homopolar）马达，可得到 300HP 的马力。

（七）瑞士已设置一以高温超导线材制作，功率达到 630kVA 的大型变压器（transformer）。

（八）美国已完成一用超导与半导体混合可承受 1.4kV 的限流器（fault current limiter）。

高温超导的发现，不仅带动了凝态物理的发展，同时也预示继半导体工业后，将迈入另一崭新的科技工业时代。此外，由于科学家们面临各种严苛的挑战，使得目前已开发的技术更趋成熟。更重要的是，由于超导研究基本上需要结合具有不同专长集体合作的跨领域研究，学术界、应用研究机构及产业界必须紧密配合才能成功。相信在 21 世纪，我们可以达成大量应用超导的愿景。那时，文首提及的飞行滑板或不再是天方夜谭。

分数量子霍尔效应
——新发现的量子流体

□孙允武

1998 年的诺贝尔物理奖颁给普林斯顿大学华裔教授崔琦（D. C. Tsui）、哥伦比亚大学及贝尔实验室德裔教授施特默（H. L. Störmer）和斯坦福大学的劳克林（R. B. Laughlin）教授，他们发现了一种具有分数电荷激发态的量子流体（quantumfluid）。

发现的旅程

发现的旅程是由当时还在贝尔实验室的崔琦、施特默和一位与本次诺贝尔奖擦身而过的加瑟德（A. C. Gossard）在

1982 年发表的研究工作开始。他们将加瑟德提供夹在两不同半导体晶体间界面的二维电子样品，置于高于绝对温度 0.5K（-271.65℃）的低温及超过地磁 40 万倍的强大磁场（约 20 Tesla），进行霍尔效应（Hall effect）的测量。很意外地，除了预知可由一个电子在磁场中运动量子化解释的整数量子霍尔效应（integral quantum Hall effect，简写为 IQHE），还发现了所谓的分数量子霍尔效应（fractional quantum Hall effect，简写为 FQHE），二维电子系统在磁场中的行为远较我们想象的丰富有趣。FQHE 的解释是由劳克林在次年提出，认为二维电子系统由于和磁场的交互作用，形成一个电子和电子间具强关联性的超流基态。更新奇的是，这个系统的较低能量的激发态，是带有分数倍基本电荷（e）的准粒子（quasiparticle），当然这里和原子核内有类似带分数电量的夸克（quark），是一点关系也没有的。

二维电子的世界

二维电子系统顾名思义是指电子仅能局限在一个二维的平面运动。它是如何形成的呢？和一般的三维系统又有何不同呢？

二维电子其实并不是十分特殊罕见的东西，在电脑中的 CPU 或记忆体所使用的电晶体[①]，就是利用局限在硅与二氧

———————————

① 这里系指金氧半场效电晶体（MOSFET），基本原理是利用二氧化硅绝缘层上的电极控制另一面和硅晶体交接界面的电子浓度，借此改变导电的特性。

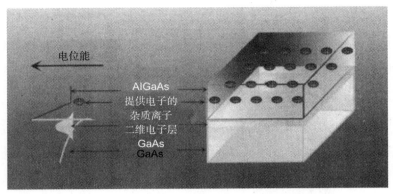

电位能

AlGaAs
提供电子的
杂质离子
二维电子层
GaAs
GaAs

图71　二维电子层形成于砷化（GaAs）和砷化铝（AlGaAs）两种不同半导体晶体
的接面。

化硅两种材料间界面的二维电子来导电的，用来观察 FQHE
的样品品质要求远比在 记忆体中用的严苛。我们利用所谓分
子束磊晶（molecular beam epitaxy）技术，在超高真空的腔
体中一层一层准确地在基板上形成砷化镓（GaAs）和砷化铝
镓（AlGaAs）两种不同半导体晶体接合在一起的结构（见图
71）。由于导电电子在砷化镓中的位能较在砷化铝镓中低，而
且提供导电电子的固定杂质位于砷化铝镓内离界面约几百到
几千埃的平面，杂质游离后形成带正电的离子会吸引电子，
使得导电电子被限制在靠近界面的砷化镓内，沿样品平面方
向则能自由运动。更重要的是在低温的环境，排除晶格振动
的影响，电子能够越过十万甚至百万个原子不受到散射。

　　二维和三维系统在几何结构上是很不一样的。考虑图
72 的两个路径，二维的路径绕一圈必然有一交点，形成一
封闭回圈，三维路径则未必。这个特性在考虑电子物质波

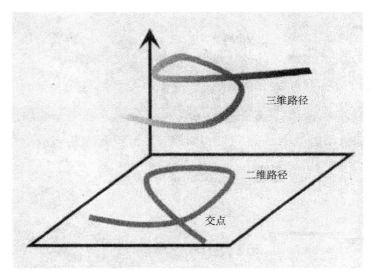

图72　二维和三维系统的路径

的干涉时有很重大的影响。简单地说，对于封闭的回圈若电子要有稳定的量子状态存在，物质波必须在该路径上形成驻波，而对三维路径则不一定需要。电子受到磁力作用会做圆周运动，只要不受到散射，便可形成一封闭路径，合于驻波条件的波长决定电子的能量，由此简单的量子化条件可得电子在磁场中的能量不是连续的，而是一系列间隔相等的能阶，我们通常称为蓝道级（Landau levels）[1]。此外，二维的限制也造成电子在磁场中统计特性的一些有趣特性，后面再介绍。

---

[1]　由这简单的方法，可以得到电子的动能加上磁位能刚好是 $nhvc$，vc 是电子在磁场中做圆周运动的频率，h 是普朗克常数，n 则是驻波数。若以较严谨的方法可得 $(n+1/2)\,hvc$。

霍尔效应

　　霍尔效应一直是物理学家研究导电材料的利器，早在 1879 年霍尔（Edwin Hall）在约翰霍普金斯（Johns Hopkins University）大学读研究生学历时就发现了。通电流的导体中，运动的电子受磁场影响而偏移，造成导体两边电荷累积（见图 73），引发一个与电流和磁场方向 垂直的电场，到达稳定状态时导电电子所受此电场的电力刚好抵消掉磁力，电流不再受磁场影响。

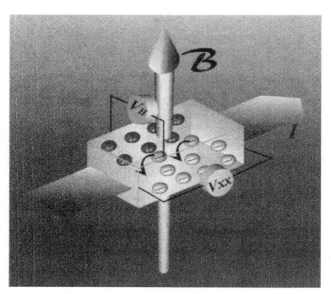

图 73　霍尔效应示意图

　　引发的电场可借由测量导体两侧的电压而得，此电压称作霍尔电压（V_H），除以电流可得霍尔电阻（$R_H = V_H / I$），有别于一般的电阻（这里称作纵向电阻 $R_{xx} =V_{xx}/I$）。当磁场愈大时，所引发抵消磁力的电场也愈大，霍尔电压（或电阻）也愈大，和磁场强度 B 成正比。图 74 是古典霍尔效应中霍尔电阻（R_H）与

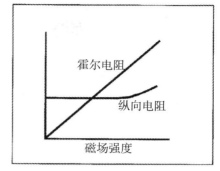

图 74　古典霍尔效应中霍尔电阻（R_H）与纵向电阻（R_{xx}）对磁场强度的关系图

纵向电阻（R_{xx}）对磁场强度的关系图，R_H 是一 wh 通过原点的直线，而 R_{xx} 在低磁场时几乎不变，在高磁场时微微上升。

二维电子系统的霍尔效应

图 75 是二维电子系统在极低温（绝对温度 0.05 度）的环境所得到霍尔效应数据图。令人讶异的，R_H 对磁场的曲线不再是直线，而有许多阶梯状的平台（plateau）出现，这些平台所对应的霍尔电阻值恰为（h/e^2）（$1/v$），其中 v（即图中箭头上所标记的数）为整数或特定分母为奇数的分数，h 为普朗克常数。当 v 为整数时，即所谓的 IQHE，所得之 h/e^2 可以准确到 0.045ppm！和所使用的样品特性关系不大，因此定义 $R_K h/e^2$= 25,812.8056 (12) Ω（括弧内为最后两位的误差）为克立青常数（Klitzing constant），是现行的国际电阻度量标准。v 为分数的部分即 FQHE，愈好的样品所观

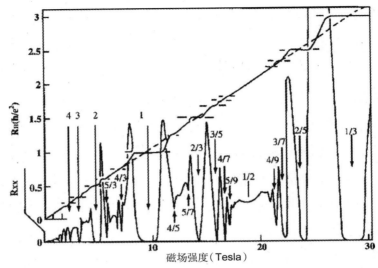

图 75　二维电子系统在绝对温度 0.05℃的霍尔效应。

察到的细微结构愈多。

　　另一有趣的现象是，在霍尔电阻形成平台同时，二维电子的电阻（R_{xx}）降为零！是形成超导体了吗？不论在 IQHE 或 FQHE，电子运动时的确不受到碰撞，没有阻力。为什么？这些奇异数字 n 到底暗藏何种玄机？

磁通量子

　　要探究量子霍尔效应所隐藏的物理概念，必须先了解量子力学中对电子与磁场的描述。量子世界中的电子很自然的是一个带电量为-e 的物质波（或几率分布），电荷的基本单位就是 e。那么磁场呢？由一些在二维电磁场变换特性（这里是指规范转换（gauge transform）的考量，最自然的物理量不是磁场，而是面积乘以和平面垂直方向磁场强度所定义的磁通量φ（magnetic flux），他的自然单位是φ0＝h/e＝4.1×10⁻⁷G cm²，称为磁通量子（magnetic flux quantum）。磁通量子非常小，以一般的地球磁场为例，每平方厘米就有约一百万个磁通量子。为什么要选择这样的单位呢？磁通量并不像电荷那样有对应的基本粒子。下面我们介绍磁通量子和电子有趣的量子力学特性，借此培养一下对磁通量子的"感觉"。

图 76（a）表示在一封闭路径有稳定量子状态（几率波形成驻波）的电子，包围一磁通量束φ。假想一个非常缓慢的步骤增加磁通量（$d\varphi/dt\sim0$，在路径上的感应电场可忽略），而且不改变路径上的磁场，也就是电子所受到的电磁力不变，经过量子力学的分析发现，若所加之磁通量非磁通量子的整数倍，例如说 $0.1h/e$〔如图 76（b）〕，会使电子沿封闭路径走一圈时物质波相位改变，破坏原来合于驻波条件的稳定量子状态；若所加之磁通量恰为一磁通量子或其整数倍〔图 76（c）〕，电子走一圈物质波相位的改变则为 2π 或 2π 的整数倍，并不影响原来量子状态的几率

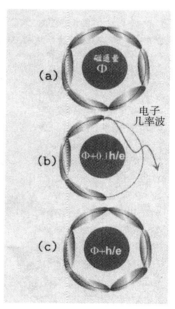

电子几率波

图 76　(a)在一封闭路径有稳定量子状态的电子包量子围一磁通量束φ (b) 若所加之磁通量非磁通j量子的整数倍，会破坏原来的稳定量子状态 (c) 所加之磁通量恰为一磁通量子，并不影响原来量。

分布。

糖葫芦模型

　　QHE 中霍尔电阻量子化的神奇数字 v 原来就是二维电子数目和穿过样品的磁通量子数目的比值，定义做填充因子（filling factor）。磁场愈高时，穿过样品的磁通量子愈多，若电子数目固定，v 就愈小，和磁场强度成反比。

　　当 $v=1$ 时，代表平均每一个磁通量子分配到一个电子，而 $v=2$ 或 3 则代表每个磁通量子分别分配到二个或三个电子。我们可以想象磁通量子是糖葫芦的竹签，而电子像是串在上面的番茄，$v=1$ 可以一支竹签插一个番茄表示，$v=2$ 则是两个番茄，其余整数的情形可类推（见图 77）。那么分数的情形呢？以 $v=1/3$ 为例，一支竹签插三分之一颗番茄吗？电子可不像番茄可分割唷！我们只好用三支竹签插一颗番茄了。图 78 中除 $v=1/3$ 外，还画了 1/2 的情形。分子不为 1 的分数，如 2/5，糖葫芦怎么插呢？这跟对应这些分数的量子霍尔态形成的模型有关，后面再说明。但

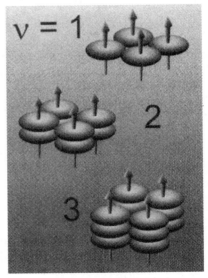

图 77　$v=1$、2 或 3 时磁通量子（箭头）和电子（圆球）分配示意图。

v 为 $1/m$ 时（m 为奇数），一个电子分配到 m 个磁通量子，二维电子系统借由彼此避开的形式有效地降低库仑斥力位能，形成一电子间有强关联性的不可压缩量子流体。对于不是 $1/m$ 的状态及所谓的"带分数基本电荷的准粒子"并未说明。我们先讨论后者。

以最早崔琦等人发现的 $v=1/3$ FQHE 基态为例，平均一个电子分配到三个磁通量子，形成一均匀的量子流体，如图 80（a）所示，具完美的超流性。假如情况不是那么完美，少了一个磁通量子，如图 80（b），该部分可视为量子流体基态的"缺陷"，附近的流体会些微调整使得缺陷孤立出来，能量较基态为高，而其余的部分仍然保持超流性。孤立出来的缺陷可以在流体中运动，能够像粒子一样定义出能量和动量，故称为"准粒子"，他的带电量就是"多"出来的三分之一电子的电荷，即 -e/3。在 $v=1/3$ 附近，少了几个磁通量子就会形成几个准粒子，而且这些准粒子运动时是会受到散射，跳到接近能量的空准粒子轨道，电阻不再是零。图 75 在比 $v=1/3$ 磁场小的部分，电阻（R_{xx}）增加，不再是超流体。可是还有一个问题，比 $v=1/3$ 磁场小一点点时，应该就有准粒子形成，为何电阻还是零呢？这就要考虑样品并不是百分之百的平整，平面上的电位能有高低起伏，当准粒子很少时，有些像少量的水在凹凸不平的水泥地面上会形成一个个互不相通的小水洼，根本就局限在平面某处，不影响全样品的导电性。当准粒子多到一定程度，如同水泥地上的水，可互相导通，便对样品电阻有影响了。

若是多了一个磁通量子，如图 80（c），对电子而言，就是"少"了三分之一个电子，量子流体中会形成一个"穴"（hole）的缺陷四处流动，称作"准穴"（quasi-hole），带电量恰与多出三分之一电子所形成之准粒子相反，即+e/3，行为和准粒子类似。这里要强调一下，所谓的准粒子或准穴都不是单一电子产生的行为，而是许多电子的集体行为（collective behavior）。

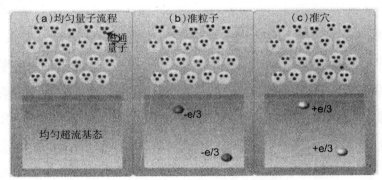

图 80　(a) 均匀的超流基态 (b) 少了一个磁通量子，形成准粒子 (c) 若是多了一个磁通量子，形成准穴

亲子模型

劳克林认为，当磁场低于 $v=1/3$ 很多，使得平均每两个电子就有一个准粒子（这时刚好 2 个电子拥有 5 个磁通量子，见图 81），这些准粒子会形成自己的不可压缩量子流体，称作"子态"（daughter state），电阻又会降低到零，而原来 1/3 流体就称作"母态"（parent state）。磁场再低下去，在

v=2/5的子态中又会有准粒子产生，在适当的状况，又会形成子态准粒子的不可压缩量子流体，称作"孙态"吧！这个模型就称作"阶层模型"（hierarchical model），或叫"亲子模型"也很贴切。愈多阶的子态所含的准粒子就愈少，也就愈不稳定，不免有"一代不如

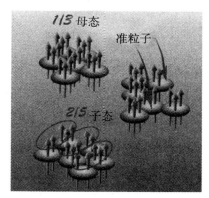

图81　$v = 2/5$ 的FQHE，平均每2个电子就有一个准粒子，刚好2个电子拥有5个磁通量子。

一代"的现象，和图75的数据十分吻合。这个理论不但告诉我们这些奇特填充因子所对应的量子基态是什么，也预知哪些填充因子会有FQHE现象，更成功定性地解释他们相对强度关系。

与磁通量子共舞

　　糖葫芦只有一种串法吗？美国纽约州立大学的杰恩（J. K. Jain）提出了另一种看法，他将一个电子和两个磁通量子真的结合在一起称作"复合费密子"（composite fermion），在$v=1/2$时就相当于是复合费密子在没有磁场的状况，但不会有超流现象，就和电子在零磁场的情况一样。在$v=1/2$两边的FQHE就是这个复合费密子的IQHE。用我们的糖葫芦模型来看（图82），$v=1/3$的FQHE就是已经插了两根竹签

的番茄再多插一根竹签，即复合费密子填充因子（v'）为 1 的 IQHE；$v=25$ 就是一根竹签串了两个已经有两根竹签的番茄，即复合费密子 v' 为 2 的 IQHE，其余类推。原先杰恩提出这个想法主要是要写下较高阶量子流体的波函数并计算其能量，结果非常成功，没有想到电子真的和两个磁通量子一起跑，后来的一些实验证实真有复合费密子这回事。

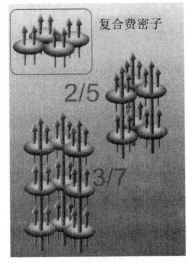

图82　v = 1/3、2/5 及 3/7 的 FQHE 相当于复合费密子填充因子（v'）为 1、2 及 3 的 IQHE。

统计特性的转换

在量子的世界，电子是不可分辨的，我们不能指出谁是电子甲、谁是电子乙，两个电子交换位置仅是在波函数前加个负号，并不会影响电子的组态，多个负号也不会改变几率分布。交换位置会多出一个负号的粒子归类为费密子。对应费密子的叫波色子（boson），两个波色子交换，并不会改变波函数的符号，像光子、氦核等都是波色子。费密子和波色子还有一个很大的不同处，两个费密子不能占领同一个量子状态（故又称不合群粒子），而许多的波色子却可跑到同一个量子状态。尤其在很低的温度，系统所有的波色子几乎都处在同一最低能量的状态，形成一巨观的量子态，例如超流体的液氦、或超导体都是这样来的。氦核是由两个中子及两个质子结合而成，质子、中子和核外的两个电子都是费密子，在两个氦原子交换时，各贡献出一个（-1）的因子，共有偶数（6）个费密子，最后所得交换后的波函数并没变号，成了波色子。而超导体则是材料中的电子成对地结合在一起（所谓的库伯对）成为波色子，这些电子对再凝聚（condensate）成超导态。

  磁通量子和电子的结合呢？先考虑一个磁通量子和一个电子的复合体，两个这样的复合体交换位置。两个粒子交换位置，若把一个粒子的位置固定，就相当于一粒子绕固定的粒子走半圈。一个电子绕一个磁通量子走一圈会产生 2π 的相位差，走半圈就只有 π 的相差，对波函数而言就是多了一个（-1）的因子。因此，上述的复合体交换位置时除了电子本身是费密子的一个（-1），还多了一个电子绕磁通量子半圈的（-1），结果波函数并不变号，成了波色子！如果再加一个磁通量子，一个电子两个磁通量子的复合体，再多个（-1）即可，又变回费密子！一个电子三个磁通量子，又成了波色子！这里我们得到一个非常有趣的结果，将磁通量子插在电子上，可以改变电子交换的特性，也就是电子的统计特性，费密子可以变成波色子，再变回费密子。

  我们可以将 $\nu=1/3$ 的 FQHE 视为一个电子三个磁通量子结合成的复合波色子（composite boson）凝聚成超流体基

态的现象。而在 $\nu=1/2$，一个电子两个磁通量子只能形成复合费密子，并不会有凝聚现象。统计特性的分析让我们更深入地了解 FQHE 背后的物理图像。

两个带分数基本电荷的准粒子交换结果又如何？结果所得波函数改变的因子不是 1 也不是（-1），而是一个复数，用相位来说是 π 的分数倍。这些二维的准粒子不是费密子，也不是波色子，它被称为"任意子"（anyon），它的统计叫做分数统计。

还有什么有趣的问题

最先崔琦他们要找的并不是量子流体的状态，而是一种电子形成的晶体，所谓的 Wigner Crystal，一种"量子固体"。是不是在特定的情形量子流体会相变为量子固体？事实上二维电子系统在磁场中的相图是非常丰富的，有超流态、金属态、绝缘态，还有这些态间相变的特性，一直是物理学家注目的焦点。

另外还有一个有趣的题目我们未及碰触，就是为什么霍尔电阻形成的平台会这么的准确？原因和前面所提到的规范不变性有关，严格的论述超出本文预设的程度。这里提供一个有趣的想法：假如 $\nu=1/3$ FQHE 看成带三个磁通量子的复合波色子的凝聚态，根据本文前面所说，波色子感受不到磁场，何来的霍尔电压呢？关键在磁通量子在运动，会产生感应电动势，而磁通量子的流量是电子流的三倍，将感应电动势除以电流恰可得霍尔电阻，和导电的电子数无关。

二维系统的边界细究起来也大有问题。电子密度到边界时会愈来愈小，到样品外则为零。当系统中为例如说 $\nu=1/3$ 的 FQHE，边界的 ν 必然小于 $1/3$，会发生什么事？理论很多，有一种是说二维 FQHE 的边界会形成一种特殊的一维量子流体，叫做 Luttinger liquid。

微影技术简介

□ 陈启东

电子科技发展的一个重要指标可用小而美来形容，也就是速度快，低消耗功率，高封装密度。所有这些要求都与元件的尺寸有关，以动态随取记忆体（DRAM）为例，64Mb内最小结构的尺寸为 0.3 至 0.4 微米（1 微米=1μm=10^{-6}m），而 256MB 及 1GB 就分别要求到 0.25 及 0.18 微米了。比较起人头发的直径（约 20 微米），我们可以知道这是多么小的尺寸。虽然同是追求小的尺寸，在实验室与工业界的工作有不同的目标。在半导体工业界，不但讲求小尺寸，更重视制程的速度与可靠性，而在实验室，如何制作小尺寸的样品往往就是重要的考量因素。在这种前提之下，实验室所做的样品可以比市贩的电子元件小很多，甚至可达原子尺度，约一个毫米的尺寸（1nm=10⁻⁹m）。在这篇文章中，我们会依尺寸的大小循序来介绍一些目前制程的技术，首先从半导体工业常用的光学刻版制程谈起，再介绍电子束曝光及一些在实验室开发的技巧，并讨论将来的发展趋势。这些纳米曝光及成像的技术，可统称为微影技术。

先从光学微影技术谈起

微影技术可说是整个半导体工业的关键技术，目前在微影部门的经费往往占整个元件制作成本的三分之一，而且这个比例有逐年增加的趋势。这种技术的原理与我们在照相、冲洗底片及印刷成相片的方式很类似，我们举个例子说明如下。例如我们想在晶片（或称作基板）上做一条铜线，先要准备一块光罩（mask），上面有这条铜线的图案。这光罩是用玻璃或石英制造的，在

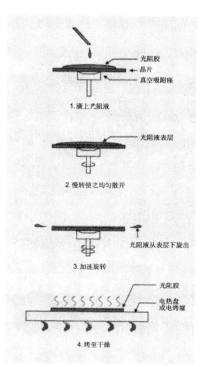

图 83 旋铺光阻胶的步骤，一般常用的光阻胶在烤好之后的厚度约是 1 毫米，常用的硅晶片厚度约数百毫米。

它上面不透光的部分镀有一层金属铬。如图 84A1 所示，首先在晶片上镀一层铜薄膜，作法是在真空中把铜加热使之融化、蒸发附着在晶片表面上。按着在晶片上旋铺上一种对紫外线敏感的光。

阻胶（photoresist），旋铺的方法请参考图 83。这种光阻胶是液态的，先用约每分钟数千转的速度把它旋铺在晶片上，在烘烤后它会发生化学相变而形成一层胶膜。然后用紫外光透过上述的光罩作曝光，曝光完后再作显影。如果用的是正光阻胶（请参考图 84A），则胶膜内的化学抑制剂（inhibitor，用以减低被显影剂溶解的速率）而被紫外线改变成一种感光剂（sensitizer），这些感光剂能被显影剂冲洗掉而达到曝光的效果。显影完后光阻胶上就形成与光罩相同的图案，也就是一条光阻胶的线。此后再把这晶片放入适当的蚀刻设备中去腐蚀（etch）掉不想要的铜，这时上层光阻胶就当作下层材料的保护膜，蚀刻完后的晶片上就剩下一条铜线上面覆盖着一层光阻胶。最后再用丙酮之类的溶剂把上层的光阻胶洗掉就完成了，丙酮可洗掉被感光或未被感光的光阻胶。

如果想使用同一个光罩，在晶片上做一个铜薄膜中留一个空白的线，有两种可行的方法：第一种方法与上面的作法一样但使用负光阻胶，如图 84B 所示。第二种方法如图 84C 所示，仍使用正光阻胶但不用蚀刻的方法而改用一种叫做剥离的方法。使用这种方法时，先在未镀铜的晶片上铺上正光阻胶，然后在曝光、显影之后再镀上铜薄膜。此时一部分的铜膜会镀在光阻胶上，另外一部分会镀在晶片上，最后再把晶片放入丙酮之类的溶剂中把上层光阻胶及镀在其上的铜膜一起洗掉就完成了。剥离的方法不须腐蚀掉多余铜膜，所以比较清洁、简单，常为实验室采用。但它有几个缺点：第一，它要求要有垂直方向性的蒸镀源，因为在光阻胶垂直的壁面上不能有铜膜，以确保在光阻胶上的铜膜与在晶片上的铜膜被完全隔离。第二，蒸镀高熔点材料时晶片的温度可能

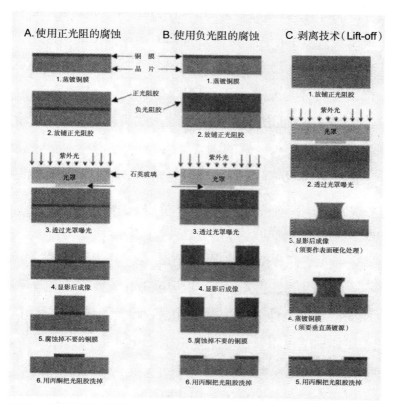

图 84　光学微影技术的示意图。A 图和 C 图是较常用的制程。在 C3 图中光阻胶的截面形状，这是剥离制程中一个重要的要求。

会很高，因光阻胶不能耐高温，所以这类材料不适合在剥离使用。第三，把光阻胶放入蒸镀铜膜的机器内有可能会污染到蒸镀系统的真空腔，所以剥离的方法在半导体制程中很少使用。另外，负光阻胶也不常被使用，因为一般而言它的解像度比正光阻胶低。

用电子束来作曝光可大幅减小线宽

以上所述的微影技术是用光学方法来作的，由于这种技术很适合大量生产用，所以一直都为半导体工业所采用，但是现在技术上已经渐渐逼近到它解析度的极限了。这极限的由来主要是因为光波在光罩图案边缘会产生复杂的绕射条纹，而且晶片表面的反射光会使这问题更复杂化。虽然新的制程已经使用波长较短的深紫外线光源，并且也尝试在光罩上下工夫来减少绕射，但一般相信光学微影技术的极限可能不会小于 0.15 微米。如果要做到更细小的尺寸，用电子束当作光源来作曝光的技术可能是最好的方法了。如图 85 所示，它与光学微影的技术很类似，只是它用电子束替代紫外光源，用电阻胶替代光阻胶。正电阻胶内键结会被电子束打断而能溶解于显像剂中，因此可达到曝光的效果。图 86 是一张显像后的电阻胶的电子显微镜（SEM）照片，里面最细的线宽约是 30 纳米。

电子束微影技术不需要用光罩，可以直接把在电脑上设计好的图案送到曝光的系统去写（称作直写，direct write）。

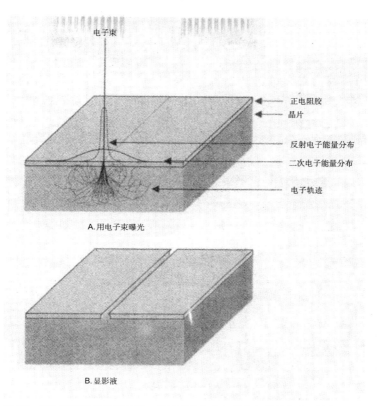

電子束

正電阻膠
晶片

反射電子能量分布
二次電子能量分布

電子軌跡

A.用電子束曝光

B.顯影液

圖85　用電子束曝光的示意圖。除了曝光是用電子束之外其餘步驟皆與圖84
所示的光學微影技術相同。A 圖也畫出入射後的電子軌跡及其能量分布。

所以它可大幅縮短從設計到製作的時間，也因此特別適合研究室或非量產型元件使用。事實上前面所述及的光學微影技術所用的光罩大多是用電子束微影技術作出來的。如果說紫外線是平面光源，電子束可以說是一種點光源，所以比起光學微影技術，電子束曝光系統的產能要低很多，生產的成本太高而不適合工業用。將來工業界可能使用的微影技術包括有使用極短波長的紫外線、X射線（包括同步輻射）或平面

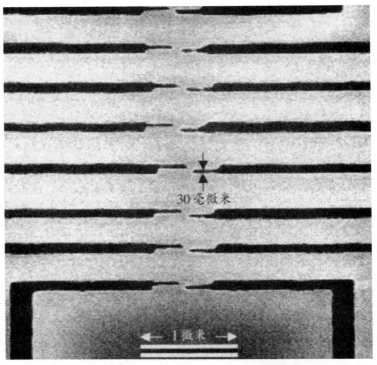

图86　一张显像后的电阻胶的电子显微镜照片，这些线条是在 3 万伏特的加速
　　　电压下曝光成像的。黑色的线条是没有电阻胶的部分，如果在上面蒸镀金属
　　　再作剥离就能得到金属细线了。

的电子束来替代现在的紫外光源作投影式曝光，或甚至可用直接压版的方式在光阻胶上压制图案。现在有很多厂商或研究室都在研究开发这类替代传统光学微影的技术，而且已有相当的成果，例如用 X 射线投影或压版技术都已经能做到约 10 纳米的尺寸了。但这些技术都各有利弊，将来会采用哪一套技术目前还没有一个定论。由于这些技术都要用到电子束微影技术制作出来的光罩或模子，所以它们能做到的尺

寸极限都会受限于电子束微影的技术。

那么用电子束微影技术能做到的极限是多少呢？电子束的波长很短，因此它没有绕射的问题，而能达到很高的解析度。电子束的直径依电子枪的种类及其加速电压而不同，加速电压越高电子束的直径就越小。一般电子束曝光系统的加速电压约在2.5至5万伏特之间，其电子束的直径约在1.5—5纳米。电子束虽没有绕射的问题，但入射的电子会在电阻胶内产生散射，更严重的是它们会与晶片的晶格发生碰撞产生大量的反射电子及二次电子，这些电子有可能会破坏电阻胶的键结而影响曝光的结果，称之为近接效应（proximity effect）。图85A画有电子在电阻胶及晶片内轨迹的示意图以及二次电子的能量——距离分布曲线，电子束微影技术的极限可说是由这些曲线来决定的。这个分布曲线会受到电子束的能量（也就是加速电压）、电阻胶特性及晶片本身材质、厚度等多项因素的影响。目前有些新开发的机种开始提高加速电压（至例如10万伏特）以加长入射电子的穿透深度以减低二次电子的影响，但相反的也有些新机种使用小于2千伏特的低加速电压来作曝光，它们虽没有近接效应的问题，但相对的电子束比较宽。一个极端的例子是下面将叙述的原子力探针显微镜（AFM），它可用约20—100伏特来作曝光。目前用电子束微影技术一般可以写到宽度小于50纳米的点或细线，在仔细控制的制程下甚至可达到5纳米的尺寸。

离子束可以做什么

离子束也可以做曝光的工作。聚焦离子束（Focus Ion Beam，简称 FIB）的原理与电子束有些相似：先从一个点状离子源把离子吸出，再经聚焦及偏向后打在样品上。它和电子束一样，可以作直写或经由光罩曝光，而且没有电子束曝光的近接效应。但离子束一般要比电子束还宽，即使较细的离子束仅能聚焦到约 8 纳米的程度。目前聚焦式离子束曝光系统在电阻胶上曝光的线宽可小到约 10 纳米。FIB 的工作对象可以是电阻胶也可以是某些薄膜。这是因为有些薄膜在被离子撞击后，它对腐蚀（etch）的抵抗力或被氧化的速率会改变。利用这种特性，我们可以直接在这些薄膜上用 FIB 来为图案。例如在氧化硅的薄膜上打入氢离子、氖离子或氦离子可增加它的腐蚀率，如果在这薄膜上打入硅离子则将会提高它的氧化率。

我们可以制作原子尺寸的图案吗

如果要做到 1 纳米的尺寸，那么可能就要使用扫描式探针显微镜（Scanning Probe Microscope）了。这类的显微镜基本上是用一支很细的探针来扫描被测物表面的高度变化而得到样品表面的影像，探针与样品表面间的距离可用它们之间的电子穿隧电流的大小（Scanning Tunneling Microscope, STM）或原子作用力的大小来控制（Atomic Force Microscope，AFM）。AFM 的针尖可用来刮样品表面上的光阻胶而画出想

物理新论

要的图案，也可以在针尖装上电极，用来做电子束曝光的工作。比起 AFM、STM 有较好的解像度，这是由于 STM 针尖到样品间穿隧电流的大小与它们之间的距离成指数关系，所以它对距离有很高的灵敏度，在观察样品表面的结构时，它可达到原子尺度的解像度。图 87 是 STM 操作原理的示意图，它的针尖与样品间的距离一般约在 1 个纳米左右，穿隧

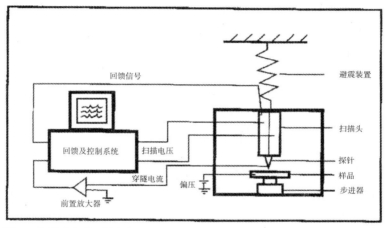

图 87　扫描式穿隧显微镜的工作原理的示意图。穿隧电流经回馈后可用来控制扫描头的高度。如果把高度固定，样品表面的高低可由穿隧电流的大小得知。

电流约是 1 毫微安培（InA）。如果使用较高的针尖电压时可在针尖与样品表面间制造相当大的电场，STM 也能在样品表面作蚀刻或蒸镀的工作。所谓蚀刻就是把样品表面的原子吸附到针尖，而蒸镀就是把针尖上的原子"发射"到样品表面上。使用这种蚀刻或蒸镀的技术，我们不须借用光阻胶或电阻胶，可直接在样品表面上做想要的图样，图 88 是在硅 < 111 > 表面上用 STM 蚀刻技术"画"的一张台湾地区的

地图。由于它用到表面原子间的作用力，目前这套技术仅能用于相当有限的材料。STM 技术的另一个很大的限制是样品与针尖的表面一定都要会导电，如此才能形成电子的穿隧电流。虽然这种方法目前仅止于实验室使用，利用 STM 技术使我们可做到原子尺寸的图样，这可以说是目前用人工技术所能做到的最小尺寸了。

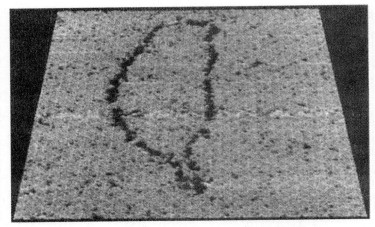

图 88　在硅〈111〉7×7 表面上用 STM 蚀刻技术"画"的一张比例为 10^{-25} 的台湾地区地图。黑色的点是硅原子被拿掉后留下的空洞。一个原子大约是 3 埃（1 埃 = 0.1 纳米），而一个晶格理位（unit cell）的边长约是大约是 27 埃。

微影技术的物理极限是什么呢

现在我们来考虑有哪些因素会影响微影技术的极限。在光源方面，曝光的光源大致可分为光子、电子或离子，由于波动与粒子的双重性，根据海森堡测不准原理（Heisenberg uncertainty principle），它们的粒子束直径是有限的（随能量提高而减小），深紫外线的极限约是 100 纳米，一万伏特的电子束约 0.01 纳米。另外，因为要达到破坏光阻胶的抑制剂或电阻胶的键结所需的单位面积光源粒子数（称作剂量）是有一个范围的，如果要曝光的面积很小，需要的粒子数也会变得很少。但粒子是有统计性质的，也就是说在单位时间内到达某一特定区域的电子数其实是有一个分布的，粒子数少的话，要控制到适当剂量就比较困难了。为了降低这种误差，我们可用较不敏感的电阻胶或光阻胶，因为它们需较大的剂量来曝光，但它们通常需要比较低能量的光源，而这些光源有较大的散射的问题。此外，电阻胶或光阻胶本身也有极限。在室温中光源粒子能同时破坏一大团的键结，由此可以定义出它们"颗粒"的大小，也就是说它的解析度不能比这个值好。例如常用的高解析度电阻胶（PMMA）的"颗粒"大小约是 2.5 纳米。其实要是我们可以用微影技术做出非常小的结构，我们还是得面临一个难以避免的问题。例如我们在一个绝缘晶片上做出一条宽度及厚度为 1 纳米的金属线，一个原子的尺寸大约是 0.3 纳米，所以在截面上就只有约十个原子，它表层的原子所受的吸附力会很弱，在室温中会因热能激发而移动使这条线逐渐地模糊掉，所以谈这种线宽是没有多大意义的。当然这种问题的严重性是依线的材料与晶片材料而不同的。

展望未来的电子世界

当一个电子元件的尺寸小到与电子的波长（约在纳米范

围）靠近时，由于量子效应的浮现，电子在它内部的行为将与我们现在所用的电子元件的行为完全不同，所以它们将会是下一代崭新的电子元件。在实验室内，有很多物理学家正在制作更小的元件并测量它们的电性或光学性质，以期能更进一步了解电子在这些元件中的行为，而能带领我们进入下一个新的科技时代。

弦圈之争
——基本粒子研究进入"战国时代"

□ 沈致远

物理学家深信在基本粒子背后，一定有更基本的东西主宰万物，于是兵分两路向万物之本进军。最近，圈论学者分别出了两本书批评弦论，其中沃特更讥讽它：连错都不够格。

"弦圈之争"的弦代表超弦理论（string theory，简称弦论），圈则代表回圈量子引力论（loop quantum gravity，简称圈论），两者均为"万物之理"（theory of everything）的候选者。

万物之理是什么？自古引人遐思。直到 19 世纪才有实验根据。20 世纪步步深入：分子、原子、原子核、核子、电子、夸克……1970 年代，物理学家根据已知的基本粒子及其三种相互作用力，总结出"标准模型"（standard model）。这是一个非常成功的理论，为许多实验所证实，有的实验竟然达到百亿分之一精确度！

但是，标准模型有两个缺点：（一）其中包含人为设定的几十个参数，不知其所以然；（二）虽然在四种作用力中，已将电磁力、弱力与强力统一起来，重力却顽固地拒绝统一。重力顽固其来有自，爱因斯坦吃过它苦头，完成广义相对论后，他致力于统一重力和电磁力，穷后半生之力以失败告终。

兵分两路

物理学家深信天道归一，即四种力是统一的，在夸克和电子等基本粒子后面，肯定有更基本的东西。于是兵分两路，向万物之本进军。

一路是弦论的大兵团，人强马壮声势浩大。经过 1984 年和 1995 年两次"超弦革命"，聚集了号称"全世界最聪明"的物理学家和数学家逾千人，发表论文数以万计！弦论者认为：万物之本是极其微小（普朗克长度 10—35 米）的弦，在九维空间之中飞快地振动。然而，现实空间只有前后、左右、上下三维，这难不倒弦论者，他们认为多出的六维空间，卷曲成极其微小的拓扑结构，隐藏起来了。弦不同的振动式样，相当于不同的粒子。一言以蔽之：万物皆弦。

另一路是游兵散勇，除圈论外，还有旋量（spinor）、扭子（twistor）及非互易几何（non-commutative geometry）等诸论。圈论比较像样，从事者也仅数百人。圈论由美国宾夕法尼亚州州立大学阿贝·阿希提卡（Abhay Ashtekar）于20世纪80年代提出；此人就是在2001年"七棵松会议"上讨论"时间是什么"时，当场背诵起老子《道德经》"此二者同出而异名，同谓之玄，玄之又玄，众妙之门"的那位教授。圈论将广义相对论量子化。空间以普朗克长度分割为许多单元，物理现象由这些单元之间的联络决定。圈论认为，粒子是空间的拓扑形体；一言以蔽之：万物皆形。

超弦革命×2

早期在研究核子强相互作用时发现，将基本粒子当作弦可以解释一些物理现象，但因存在超光速粒子等问题，所以未引起主流物理学家注意。随后，标准模型的"量子色动力学"对强相互作用作出令人满意的处理，弦论失去用武之地。

1984年，施瓦茨（John Schwarz）、格林（Michael Green）和斯金德（Leonard Susskind）等人解决了存在问题，并发现弦论中竟自动出现引力子。这事非同小可！自爱因斯坦以后，多少人试图将引力纳入基本理论而未成功，这次不请自来，说明弦论可能有更深的含义。物理学家看到苗头蜂拥而至，此为"第一次革命"。

弦论从冷门一变而为显学，不久又出现新问题：弦论有五种不同版本，不知何所从。1995年，威腾（Edward Witten）在洛杉矶集会上提出"M理论"：九维空间的五种弦论在十维空间是等价的，除弦之外还有膜（brane）等。于是人心大振，声势空前高涨，此为"第二次革命"。威腾说，M可以代表膜、魔术、神秘或朦胧……

第二次革命后又十几年过去了，弦论基本方程仍付阙如，其可能方案竟然有10500个之多，相应于10500个不同的宇宙！批评者讥讽说：弦论从万物之理变为"任意之理"（theory of anything），无论什么实验也无法推翻它，弦论者总可以像变戏法那样，变出一个理论使之与实验符合。无法证伪，就不是科学。

弦论从量子论出发，向广义相对论靠拢。圈论从广义相对论出发，向量子论逼近。两者出发点不同，探索途径也大异其趣：弦论依赖于背景，须有特定的时间空间（时空）作背景，好比演员只能在特定的舞台上演出。圈论不依赖于背景，时空会自行出现，好比演员自己搭台演出，后者在原则上有其优越性。

弦论批评者众

二十多年来，弦论和圈论等各自发展；最近风云突变。2006年，圈论者推出两本书，一本是《物理学之困境》（The

Trouble With Physics），作者斯莫林（Lee Smolin）是哈佛大学物理学博士，从事弦论研究多年，后改弦易辙做圈论。他反戈一击，弦论没有实验证明，连实验方案都提不出来，这一击正中要害。另一本是《连错都谈不上》(Not even wrong)，作者沃特（Peter Woit）是普林斯顿大学物理学博士，现任哥伦比亚大学数学系讲师。书名就竭尽讥讽之能事：弦论根本不是理论，连错都不够格！

　　批评弦论不自今日始，不乏大师级人物。诺贝尔物理学奖得主费曼（Richard Feynman）说过重话："弦论者提不出实验，只会找借口。"英国著名科学家彭罗斯（Roger Penrose）在近作《现实之路》中，也对弦论进行鞭辟入里的批评。2004年，诺贝尔物理学奖获得者、威腾的导师格罗斯（David Gross）曾是弦论的热烈支持者，最近在一次集会上说："我们不知道自己在说什么！"

　　两本书的出版，引起公众注意。美国著名弦论学者、哥伦比亚大学教授格林（Brain Greene）在2006年10月20日《纽约时报》以长文进行反驳，题为《弦上的宇宙：不要放弃最有希望的物理学理论》。主要论点为：弦论继承爱因斯坦未竟之遗志，已积累了丰富的经验，建立起美丽而严密的数学体系，是统一四种力最有希望的理论。格林承认，缺乏实验证据是严重问题，他寄希望于将在2008年开始运行的欧洲巨型强子对撞机（LHC），或许能作出支持弦论的实验结果。他对"弦论二十多年未出成果"的批评嗤之以鼻，骂道："愚蠢！"

平心而论无可厚非，科学史上难题有数百年未解的，"费曼最后定理"历经三百余年才得到证明。何况目标是"万物之理"，如轻易到手反倒是很奇怪的。

弦论的大问题是实验验证，弦的尺度是 10—35 米，以实验直接验证，所需粒子加速器比银河系还大！弦论提出的一些间接实验方案，至今无一成功。个别弦论者甚至宣称：伽利略开创以实验为根据的时代已经结束，弦论只需要数学美就够了！他们忘记了物理学是实证科学，没有实验支持，理论再美只是镜花水月。

说从事弦论者全是"最聪明的人"显然夸大，但其中不乏佼佼者，弦论"教主"威腾就是罕见的天才。威腾父亲是物理学家，他从小耳濡目染，性格非常独立，进入大学本科主修历史、副修语言学，读研究生开始学经济学。威腾缺乏物理学本科基本训练，直接攻读研究生，不久就脱颖而出，发表几篇重要论文。获得普林斯顿大学博士学位后，他为哈佛大学延聘，29 岁当上正教授，后来又回到普林斯顿。哈佛认为未能留住他是最大错误。

威腾已发表论文 300 多篇，主导弦论第二次革命，也获得数学界最高奖——菲尔兹奖（Fields Medal）。"教主"一言九鼎，弦论学者唯马首是瞻，只要他略为提示方向，就有许多人跟进发表大量论文。这次批评弦论者尽管言辞激烈，对威腾还是相当尊重的。

杀出程咬金

弦圈之争方兴未艾，半路杀出"程咬金"。澳大利亚一位名不见经传的博士后研究员毕尔森·汤姆森（Sundance Bilson-Thompson）在网络上发表论文，他在沙拉姆（Abdus Salam）等人的基础上提出：夸克和电子等均为由三股先子（preon）梳成的"辫子"，其拓扑性质决定粒子的特性：扭转（twist）代表电荷，交叠（cross）代表品质等其他特性。

如此简单的模型居然能用统一的几何观点，将标准模型第一代十五个粒子及其相互作用解释得清清楚楚。圈论主将斯莫林发现后，兴奋得"又蹦又跳"，马上将毕尔森·汤姆森收编到他所在的圆周理论物理研究所（PI）。两人和马可波罗（Fotini Markopoulou）一起发表第二篇论文，将"辫子"简化为圈。原先圈论侧重于引力量子化，对其余三种力及基本粒子着墨并不多。这次毕尔森·汤姆森带了一大群基本粒子入盟，使圈论有希望实现爱因斯坦之梦——对宇宙万物作几何解释，但弦论者不以为然，认为这只是刚起步，还要走着瞧。

镇上唯一的游戏

以前，我对两位作者进行专访。我问斯莫林：圈论和弦论有无共同之处？他说："有！圈论可以帮助弦论成为不依赖于背景的理论。"我说弦论发展出许多数学工具，圈论可以借鉴。他表示同意。我又问："圈论的三维空间和弦论的多维空间是否相容？"他说："圈论并不排斥多维空间。"我再问："圈论有没有提出可行的实验？"他说："有！圈论预言光子速度随其能量增大而变慢，可由天文观察检验。"

我问沃特：你对格林的反批评有何评论？他说："格林讲得不对，斯莫林和我都没有要求放弃弦论，只是主张给圈论等一席之地。"弦论者常用一句话堵批评者之口："It is the only game in town."（这是镇上唯一的游戏）公然无视其他理论的存在，这种霸道对科学发展有害。

我说："你在书中批评弦论有 10500 个不同版本。这说明弦论缺乏选择规则，有朝一日发现选择规则，不同版本定于一尊，可能吗？"他说："从历史看，弦论发展趋势是版本不断增加，这种可能性不大。"我说："科学史上的重大突破有些出乎意料。19 世纪末，谁也没有预料到量子力学的出现，20 世纪初，倘若爱因斯坦没有提出狭义相对论，别人也会提出，但广义相对论没有人料到。"沃特说："是的！你说的可能性不能排除。"我表示，假如"万物之理"确实存在，其生母可能是弦论、圈论，或者是现在还不知道的什么论，很可能是诸论之混合。

我问两人对今后发展的预测，他们认为理论物理学界都在等待，殷切企盼 LHC 开始运行后，能给出新的实验结果，为粒子物理学指明方向。最后，沃特加了一句："如 LHC 未发现新结果，就不知道该怎么办了。"

物理学突破需要识者

学派之间互相批评本为正常，可以互相砥砺，有益于科学的发展。但这次的争论有所不同，除学术歧见之外，还有社会因素。弦论是显学，占据一流大学物理系要津，几乎囊括了有关的研究经费。圈论等缺乏研究经费，年轻的粒子物理学家如不做弦论，求职非常困难，资深的也难成为终身教授。

长期当"小媳妇"受够了，蓄之既久其发亦勃，恐怕不是格林一篇文章就能平息的。

弦圈之争公开化，意味基本粒子研究进入战国时代，群雄并起百家争鸣当可预期。这是大好事，科学从来就是在不断挑战和竞争中发展的。

斯莫林提出识者（seer）和跟随者（follower）之别，跟随者充斥物理学界，他们"萧规曹随"大量制造论文，按部就班就能升迁。识者极少，在大学中一职难求。斯莫林大声疾呼：物理学突破需要识者。我对他说：此论一针见血！其实不限于物理学，如无高瞻远瞩，能见人所未见之识者，任何学科都会沉沦。